儿童心理学学习指导

总主编　刘　英
主　编　廖雪霏　戴彩云
副主编　夏　燕　谭震琪

合肥工业大学出版社

图书在版编目(CIP)数据

儿童心理学学习指导/廖雪霏,戴彩云主编．—合肥:合肥工业大学出版社,2017.12(2021.12 重印)

ISBN 978-7-5650-3721-4

Ⅰ.①儿… Ⅱ.①廖…②戴… Ⅲ.①儿童心理学 Ⅳ.①B844.1

中国版本图书馆 CIP 数据核字(2017)第 316081 号

儿童心理学学习指导

廖雪霏　戴彩云　主编　　　　　责任编辑　袁　媛

出　版	合肥工业大学出版社	版　次	2017 年 12 月第 1 版
地　址	合肥市屯溪路 193 号	印　次	2021 年 12 月第 3 次印刷
邮　编	230009	开　本	787 毫米×1092 毫米　1/16
电　话	艺术编辑部:0551-62903120	印　张	6.5
	市场营销部:0551-62903163	字　数	190 千字
网　址	www.hfutpress.com.cn	印　刷	安徽联众印刷有限公司
E-mail	hfutpress@163.com	发　行	全国新华书店

ISBN 978-7-5650-3721-4　　　　定价:36.00 元

序　言

儿童心理学是研究儿童心理发展的规律和特点、维护和增进儿童心理健康、解决儿童教育过程中的实际问题的一门科学。它是高等职业院校学前教育专业的基础课程，并为其他专业理论和实践学科提供理论依据，奠定学科基础。

作为高职院校的学前教育专业，主要培养的是应用型的专业人才，学生的专业素养主要是指具备观察儿童、解释儿童、培养儿童的能力。儿童心理学教学质量的优劣会直接影响学生对学前教育相关知识技能的掌握。为了更好地让学生读懂孩子，了解孩子的成长规律，掌握科学的育人策略，我们编写了这本《儿童心理学学习指导》。

本书作为儿童心理学的教学辅助用书，是按照一般儿童心理学书籍的编写规律来进行内容安排的。第一章：儿童心理学发展概论；第二章：儿童心理发展的影响因素；第三章：儿童感知与运动的发展；第四章：儿童思维和语言的发展；第五章：儿童情绪情感的发展；第六章：儿童的个性和社会性发展。

在每一个章节里，我们汇聚了众多心理学大师的经典心理学实验，充分阐述了儿童心理学的发展特点和影响因素，为老师及家长提供教养儿童的具体策略和措施。在本书的第二部分内容中，我们收集了许多心理学研究者的研究方法，为学生研究儿童心理学提供了更多的实验方式。

本书的编写在注重科学性、可操作性的同时，也在可读性和趣味性方面下了许多功夫。因此，本书非常适合高职院校学前教育专业的学生，同时也特别适合广大教师和教育工作者阅读。

在编写过程中，我们参考并借鉴了大量国内外的研究资料，在此对原作者表示最诚挚的谢意。

由于本书涉及范围广、内容多、时间仓促，加之作者水平有限，书中难免存在不足之处，恳请广大读者提出宝贵意见，以帮助我们进步。

编者

2017 年 11 月

导 言

20世纪曾被称为“儿童的世纪”，但就在20世纪末，美国学者尼尔·波兹曼发表的著作《童年的消逝》震惊了世界，使得儿童问题研究引起了越来越多的关注。因此，21世纪也被称作儿童研究的新世纪。迄今为止，关于儿童心理及发展问题的研究，在某些方面已经比较深入了。回顾历史，其发展过程颇为曲折，发展速度较为缓慢，经历了一个漫长的时期。

如何看待儿童，这在历史上曾是个敏感的问题。一直到17世纪，儿童观问题才得到革命性的发展。其中典型的代表人物包括英国的洛克和法国的卢梭。洛克认为，儿童发展的原因在于后天和教育。他强调培养儿童的兴趣，发展儿童的独立能力，重视培养儿童良好的行为习惯，倡导寓教育于体、德、智各个方面。洛克的儿童观反映了人性解放的现实，反映了社会发展变革的要求，了解了儿童心理发展的迫切性。卢梭强调对儿童的教育要遵循自然的法则，即在教育儿童的时候应该遵循他们的自然本性，考虑他们的年龄特征。他还根据对儿童发展的自然进程的理解，对儿童的年龄特征进行了初步的阶段性划分。显然，卢梭所提倡的是教育上的自由和循序渐进的发展观。他的儿童观反映了当时的社会发展要求，对儿童观的变革起了启蒙作用。

另一个问题是如何培养和教育儿童。既然儿童有别于成人，那么就应该根据他们的特点来培养，应该根据儿童的心理发展特点进行教育。18世纪中叶到19世纪中叶，赫尔巴特、裴斯塔洛齐等人对一些设想进行了教育实验，从而在欧洲出现了一场心理学化的教育观，并且迅速扩散。赫尔巴特宣称心理学应该是一门独立的学科，并且在实践中把心理学和教育实践有机地结合起来。裴斯塔洛齐也特别强调心理学应作为儿童教育的依据，他重视教育和儿童发展的相互关系，认为教育的目的就是发展儿童的天赋能力，并据此观点在实践上进行了探索。

心理学化的儿童观和教育观迅速发展。心理学和教育在实践中紧密结合，通过实验的方法来促进儿童心理的发展。实验的目的不仅仅在于弄清现象的本来面目，即“是什么”的问题，而是要进一步了解“为什么会这样”，并将研究的重点放在解决“怎样才会更好”的问题上；通过人为地干预教育过程，积极地创设一定的环境条件，使实验朝着预期的方向发展，不断完善教育过程，从而使儿童处于最有利的活动和发展之下。

目 录

第二部分　自编实验

第一部分　经典心理学实验

第一章 儿童心理发展概论

在人的一生中，儿童期是心理发展的关键时期，个体的认知能力、个性特征的形成与早期教育息息相关。当前，儿童心理发展领域内的研究取得了令人注目的进展，国内外心理学家和教育学家对儿童的心理活动规律和影响儿童心理发展的因素等相关问题进行了大量的研究，揭示了儿童心理发展的内涵规律，分析了影响幼儿心理发展的相关因素，提出了促进儿童心理发展的若干途径和方法，特别强调了教育活动对心理发展的积极作用，为培养幼儿良好的心理素质奠定了坚实的理论和实践基础。

一种心理学的研究方法
——实地调查法

在研究的过程中，为了得到真实的数据，研究者往往会亲临实地，和被调查者生活在一起，并且有目的、有计划地对被观察者的行为进行考察、测量，从而探究其心理发展的规律，这种方法叫作实地调查法。

美国著名的人类学家玛格丽特·米德在 1939 年出版的著作《萨摩亚人的青春期生活》中提出了一个非常有意思的问题：引起我们的少男少女烦闷的困惑，是由于青春期本身还是文明？为了找到问题的答案，她在萨摩亚岛上住了九个月，在三个比邻的小村里研究了五十个少女，每天和她们生活在一起，观察记录她们的言行，对她们进行访谈。使米德感到惊奇的是，对萨摩亚少女来讲，青春期并不是一段困难的时期。

米德眼里的萨摩亚是一个令人向往的地方。萨摩亚人对周围事物缺乏深刻感受，也不会将整个情感或情绪完全投入进去，儿童在一个多成年人的环境中成长，他们与其他人的感情关系分散而且相当淡漠，婚前性行为是不足为奇的。他们很早就了解了生命的事实——出生、性、死亡，而且这些都并不神秘也不加以限制。这是一个充满随和性、没有青春期苦闷与压力、很和谐的社会。在这本书最后，米德把萨摩亚人的情况与美国社会进行比较，认为美国青少年所出现的青春期烦躁不安的状况，是和美国文化传统有关，并不是生理上的结果。

但是，弗里曼指出了米德在田野调查中的缺陷与不足，在进行调查之前没有做好充分的准备工作，没有了解萨摩亚的传统和习惯等整体情况，对当地土语掌握不熟练，并且没有对萨摩亚地区进行社会及价值观的系统调查。另外，没有和当地人建立一种亲密的关系，选择住在美国移民区，而非萨摩亚人的家里。这一切使得她并不具有辨别资料真假的能力，从而使其获得的信息含有戏谑的成分。

总之，弗里曼认为米德的结论存在的错误主要是因为她没有深入地进入田野，没有真正地融入萨摩亚这个地区的生活里，这就在一定程度上阻碍了她获得资料的真实性。

在《米德与萨摩亚人的青春期》这本书中，米德以深入、扎实的田野调查精神，得出了比较温和同时也被普遍认同的观点：青春期以及其他任何时期的表现形式都是生物和文化的不同因素决定的，不能极端地偏向这两个方向的任何一方，两者是相互影响、相互作用的。

这两本著作为我们做实地调查提供了很好的思路和方法：无论做什么调查都要做到科学与客观，真正地融入那个地区的生活中，以建立一种亲密的关系来获取真实的信息。

一种心理学的研究设计
——追踪研究

追踪研究又称纵向研究，是指在较长的时间内对一群被试对象进行定期的观察、测量或实验，以探究心理发展的规律或特点。例如为了考察智力的成长过程，美国的推孟从 1921 年开始对 1528 名超常儿童进行追踪研究，积累了这些被试对象从童年到老年的智力发展资料。

1938 年，时任哈佛大学卫生系主任的阿列·博克教授认为整个研究界都在关心人为什么会生病、失败、潦倒？怎么没有人研究一下，人要怎样才能得到健康、成功、幸福？

博克提出了一项雄心勃勃的研究计划，打算追踪一批人从青少年到人生终结，关注他们的高低转折，记录他们的状态境遇，点滴不漏，即时记录，最终将他们的一生转化为一个答案——什么样的人最可能成为人生赢家。赢家必须“十项全能”：十项标准里有两条跟收入有关，四条和身心健康有关，四条和亲密关系及社会支持有关。

1939—1944 年，这项研究选择了 268 名正在哈佛就读的本科生作为研究对象。这批人已经站在美国年轻人的巅峰，都在 19 岁上下，全部是家境良好的美国籍白人男性，身心健康，仪表堂堂——事实上，每个入选者都经过严格的体格“选美”，研究者倾向于挑选猿臂蜂腰者，因为一开始的猜测是，“富有男性气概者”更可能拥有幸福人生。

每隔 2 年，这批人会接到调查问卷，他们需要回答自己身体是否健康，精神是否正常，婚姻质量如何，事业成功失败，退休后是否幸福等问题。不过，光是自我评定可不够。每隔 5 年，会有专业的医师去评估他们的身心健康指标。每隔 5～10 年，研究者还会亲自前去拜访这批人，通过面谈采访，更深入地了解他们目前与身边人的亲密关系、事业收入、人生满意度以及他们在人生的每个阶段是否适应良好。

这批人可谓“史上被研究得最透彻的一群小白鼠”，他们经历了“二战”、经济萧条、经济复苏、金融海啸。他们结婚、离婚、升职、当选、失败、东山再起、一蹶不振，有人顺利退休安度晚年，有人自毁健康早早过世。最终，这 268 人里确实涌现了不少成功人士，4 名美国参议员，1 名州长，甚至 1 名美国总统——约翰·肯尼迪。不过，肯尼迪的研究档案早就被政府单独拿走，预计到 2040 年才有可能解密。

这项研究共进行了 76 年，花费超过了 2000 万美元，最终结论显示以下因素不太影响“人生成功”：最早猜测的“男子气概”没用，智商超过 110 后就不再影响收入水平了，家庭的经济社会地位高低也影响不大，外向内向无所谓，也不是非得有特别高超的社交能力，家族里有酗酒史和抑郁症史也不是问题。

真正能影响“十项全能”，帮助迈向繁盛人生的是如下因素：自己不酗酒、不吸烟，锻炼充足，保持健康体重以及童年被爱，共情能力强，青年时能建立亲密关系。

爱、温暖和亲密关系，会直接影响一个人的“应对机制”。他认为，每个人都会不断遇到意外和挫折，不同的是每个人采取的应对手段不同。一个活在爱里的人在面对挫折时，可能会选择拿自己开个玩笑，和朋友一起运动流汗宣泄，接受家人的抚慰和鼓励……这些“应对方式”，能帮一个人迅速进入健康振奋的良性循环。反之，一个“缺爱”的人，在遇到挫折时往往得不到援手，需要独自疗伤，而酗酒、吸烟等常见的“自我疗伤方式”，则是不健康状态的主要诱因。

发展有关键期吗

——劳伦兹的印刻实验

在20世纪90年代初，乌克兰出现了一个案例，8岁的女孩欧珊娜住在一座废弃的农庄里，被狗抚养长大。据俄罗斯电视台报道，欧珊娜3岁时就被酗酒的父母丢给了一群狗，她在狗屋里和一只狗生活了5年，她用四肢走路，和狗同伴一起吠叫和进食。观察者发现，这个被父母遗弃的女孩，还会说一些简单的俄语。视频解释说，她3岁之前生活在人类社会中，与人有过接触，这到底是怎么回事呢？

其实这涉及一个“关键期”的概念——关键期是指特定技能或行为模式的发展最敏感的时期。

关键期这一概念最初是由奥地利生态学家洛伦兹提出来的。他在对鸟类自然习性的观察中，发现刚孵出的幼鸟，如小鸡、小鹅等，会在出生后很短的一段时间内学会追逐自己的同类或非同类，过了这段时间便再也不能学会此类行为或印刻自己的母亲。

洛伦兹在进行实验时，让刚刚破壳而生的小鸭子不是先看到鸭妈妈，而是看到他本人。于是，有趣的事情发生了，小鸭子们都把洛伦兹当成了妈妈。无论他什么时候在前面走着，后面都会跟着一串小鸭子。经过多次的实验后，洛伦兹认为，小鸭子在出生后不久所遇到的某一种对象，不管是母鸡、人或电动玩具，都会印入它的脑海之中，使它对这种最先印入的对象产生特别的印象和喜爱之情。当它们以后再遇到这个对象或类似的对象时，就会引起它的追随。但是，如果小鸭子在孵出蛋壳后，过了好一段时间才接触到外界的活动对象，那它们就不会出现这种追随“第一眼妈妈”的动作了。这一现象被洛伦兹称为“印刻”。

经进一步的研究发现，小鸡、小鸟辨认自己的母亲和同类，都是通过“印刻”实现的，而且，这一现象在其他哺乳动物的身上也是有的。一般来说，小鸡、小鸭的“母亲印刻”的关键时期在出生后的10～16个小时，而小狗的“母亲印刻”关键期在出生后的3～7周。鸭子、鹅等动物的幼崽都会把看到的第一个移动目标作为追逐的对象，不管那是什么，都会跟着跑。比如，那个运动物体是人，它就跟着人跑；是个玩具动物，它会连自己的母亲都不看一眼，拼命地朝着玩具动物追去。

自洛伦兹对印刻现象的研究和提出“关键期”理论而获得诺贝尔奖之后，人们就投入到人类各种行为关键期的研究之中。

1920年,印度加尔各答的狼孩卡玛拉,被人从狼窝中发现时就已经8岁了。由于多年和狼生活在一起,无论脾气、秉性还是生活习惯都和狼一样了;她不会行走,只会爬,白天潜伏,夜间活动;每到午夜嚎叫,完全不会发人声;只吃生肉,而且不会用手去拿,必须扔地上用嘴叼起来吃。人们努力通过教育和训练想使她恢复“人性”,但收效甚微,她用了2年多才学会站立,用了6年多才学会走几步路,在语言学习方面更是困难,4年内才学会6个单词,直到1929年临死时(17岁),她的智力、能力才达到两三岁孩子的水平。人们虽然对她实施了良好的教育,但人应该具备的习惯却始终没有能很好地养成,其根本原因就是错过了发展的“关键期”。

相反有个事例:1972年,人们在东南亚大森林找到了第二次世界大战时,迷失的日本士兵横井庄一。他远离人类,像野人一样生活了28年,人的一切习惯甚至包括日语都忘记了。可是当他获救后,人们只用了82天时间的训练,就使他完全恢复了人的习惯,适应了人类的生活,一年后还结了婚。虽然他过野人的生活比狼孩卡玛拉多20年,但对他的教育和训练却比狼孩容易多了,其原因就是他没有错过受教育的“关键期”。由此可见“关键期”的重要性。

诺贝尔奖获得者休波尔和维瑟尔在1965年对小猫的视觉研究中发现:在小猫出生后的3个月里,将单侧或双侧眼睑缝合一段时间会让小猫变盲,并会导致大脑皮层先天连接的退化。但是成年猫在遭受视觉剥夺相同的时间里,甚至更长时间里,却对大脑的视觉系统没有这种影响,而且当眼睛重新睁开后,仍然能够运用自如。

科学家经过研究发现,在人类个体早期也同样存在着获得某些能力的关键期。在这个时期,个体比较容易接受某些刺激的影响,比较容易学会某些形式的学习。

斯拉金在查阅了大量文献后认为,人类的许多行为在早期学习更为有效。例如:

1～3岁	口语学习的关键期
4～5岁	书面语言学习的关键期
0～4岁	形象视觉发展的关键期
5岁以前	音乐学习的关键期
5岁左右	掌握数概念的关键期

那么关键期的机制是什么呢?对于学习的关键期可以从神经系统的两个方面来解释:

一是大脑神经元轴突髓鞘化是产生学习关键期的基础。例如大脑中的语言发音区域完成髓鞘化后,就是儿童开始发展语言能力的最佳时期。而且大脑能自动严格地按照次序来完成各区域的髓鞘化工作。通常语言理解区域的髓鞘化要比语言发音区域的髓鞘化早6个月完成,因为一个人需要在说话之前先理解语言。

二是在一定的关键期内,脑内的相关功能发展迅速,大量的神经元开始有机地组织在一起,形成大脑特定功能的基本框架。在不同的关键期,大脑要求一定类型的外界输入信息,这样才能建立和稳定相关的脑结构。因此在学习的关键期,儿童必须受到有效的环境刺激。

哈佛医学院查尔斯博士说:“现代科学家发现,幼童的大脑细胞正处于发育之中,随时准备形成重要的神经中枢。比如,有的可以形成语言中枢,其他的则掌管感觉、情感和个性。幼童的生活环境会影响神经中枢的形成,包括他们的所见所闻和一切体验。当父母和孩子进行互动时,这不光是逗孩子开心,也是中枢神经形成的重要步骤,这能驱动健康神经元建立生理平衡的大脑。关于大脑发展有一点可以确定,那就是经验对大脑具有关键影响力。

要让大脑正常成长发展，必须有适当环境加以支持，让孩子积累各种经验。在 3～5 岁的关键期，是大脑正常发展的重要阶段，如果大脑在早期就发展异常，就像盖房子没有打好地基。如果孩子缺乏体验或得到异常经验，大脑很可能就无法正常发展。”

应该注意的是，人们通过大量的实验研究，对洛伦兹有关关键期的两个核心特征提出了质疑：动物对某种类型经验的易感性限定于发展中的一个短暂时间，关键期的影响是永远的、不可逆的。近来研究表明，关键期的缺失对人类发展所造成的负面影响，通常只是在极端的情况下才难以弥补，对人类大多数心理功能而言，也许用敏感期这样的概念更为合适。各种心理机能的成长和发展的敏感期不同，在敏感期内，个体比较容易接受某些刺激的影响，比较容易形成某些形式的学习。而在这个时间以后，这种心理功能生长和发展的可能性仍然存在，只是可能性较小，形成和发展比较困难。（图 1－1）

所幸的是，欧珊娜没有错过发展的关键期，目前她对新生活适应良好。

图 1－1

儿童的行为是可以塑造的吗

——斯金纳的操作性条件反射

说起行为，你可能会想到巴普洛夫，想到他那条著名的狗，想到他由此而提出来的经典条件反射学说：将一个中性刺激和一个无条件刺激紧密结合，从而产生条件反射，形成一种新的行为。也就是说，试验中的铃声就是一个中性刺激，而肉末呢？是一种无条件刺激，最后狗听到铃声就流哈喇子了。

例如，屁股痛和分数看起来毫无关系，但如果中间有父亲的巴掌呢？如果你考了不好的分数，父亲的巴掌就会雨点般地落到你的屁股上。屁股开了花，几次以后，你是不是看到这样的分数就会感觉屁股隐隐作痛呢？

这里有个故事，说的是明代的徐文长。小时候的徐文长可是一个非常调皮的小孩子，因此他的叔叔经常教训他，徐文长就想哪天要报复一下叔叔。有一天，机会来了，叔叔骑着小毛驴来家里做客，到了家门口，把毛驴往树上一拴后就径直入了屋。徐文长看见小毛驴就计由心生，他先是恭恭敬敬地对着它鞠了一躬，然后抡起鞭子狠狠地抽在了它的身上。小毛驴由于疼痛不停地踢腿惊跳，几次以后，毛驴就习得了一种行为，就是看见徐文长鞠躬就惊跳不已。等他的叔叔酒足饭饱骑着小毛驴准备告辞的时候，徐文长是怎样让他的叔叔从驴背上摔下来，从而摆了他一道呢？不说你也知道了吧。

以上是我们的经典条件反射，下面我们来探讨操作性条件发射。想象一下，你是否为顺利通过某位老师的课程而从不迟到早退，认真听讲、认真做笔记呢？你是否为了得到某位姑娘的青睐而经常约她呢？

小明是个3岁的小男孩，有点调皮捣蛋，让他的妈妈非常的头痛。有一天他从幼儿园回家，额头上贴满了宝宝贴。妈妈很疑惑，问小明是怎么回事？小明骄傲地说："这是张老师奖励我的，因为我吃饭吃得快，睡觉不吵闹。"这宝宝贴就犹如小明的宝贝一样，连洗脸都舍不得取下来。

美国心理学家斯金纳说，我们人类的行为大多数是主动的、有目的的，受行为结果所控制的。在一个操作性行为出现之后，如果有一个强化物紧随其后发生，那么该行为在今后发生的概率就会大大增加。斯金纳设计了一个被后人称为"斯金纳箱"的实验装置，并通过观察记录白鼠、鸽子等动物在"斯金纳箱"中的行为表现，来说明操作性条件反射作用的形成。

他把一只饥饿的小白鼠放进箱子里，白鼠在里面上蹿下跳，偶然地按压到了杠杆，一份食物就滚了下来。可能刚开始白鼠还没有意识到按压杠杆和得到食物之间的关系，如此几次之后，白鼠就会产生更多的按压行为，即形成了操作性条件反射。斯金纳认为，人的行为大部分是操作性的，维系"操作性反应"的关键是强化，强化在行为发展过程中起着关键的作用。

我们在一个行为之后，给他一个愉快的结果，以增加这一反应再次发生的可能性。比如当幼儿上课认真听讲时，我们给他奖励一个宝宝贴；如当婴儿偶尔发出"妈妈"的声音时，妈妈就亲吻、拥抱他；再比如动物园里的海豚完成动作以后，训练师就马上给它喂食物，这也是及时强化的结果。

我们在一个行为之后，消除一个不愉快的结果，也可以增加这一反应再次发生的可能性。如果有一次你感冒发烧头疼，看了医生后，服用了某种感冒药，服药后头疼等症状通通消失了，你变得神清气爽、活蹦乱跳了。那么当你再次感冒时，服用此种感冒药的可能性就会增加。

我们可以用每个人可能都会经历的故事来说明这个道理。小时候妈妈总是威胁你说："你只要好好吃饭，我就不打你。""好好读书，不然让你搬砖去。"你有没有迫于妈妈的威胁而好好吃饭、好好学习呢？

总之，斯金纳的操作性条件反射对儿童的行为塑造、矫正起着重要的作用。一个好的行为不断得到强化，变得越来越巩固，这就叫"塑造"。行为是逐渐塑造出来的，一个一个的行为累积，使儿童的发展越来越与期望的目标接近。

一个已经形成的不良行为，我们不给它强化，慢慢地它就会消退。斯金纳的"得不到及时强化的行为会消退"的观点，使他的理论不仅适用于儿童新行为的塑造，同时也对不良行为的矫正具有指导意义。

有这样一个案例：一位老人在一个小乡村里休养，但附近却住着一批十分顽皮的孩子，他们天天互相追逐打闹，喧哗的吵闹声使老人无法好好休息。在屡禁不止的情况下，老人想出了一个办法。他把孩子们叫到一起，告诉他们每天早上在他住所外吵闹，谁的声音越大，谁得到的报酬就越多。果然，一连几天，他每次都根据孩子们吵闹的情况给予不同的奖励。就这样，孩子们已经习惯于吵吵闹闹也能获取奖励的时候，老人开始逐渐减少所给予的奖励。最后，无论孩子们怎么吵，老人一分钱也不给。结果，孩子们认为受到的待遇越来越不公正，认为“不给钱谁还给你叫”，就再也不到老人所住的房子附近大声吵闹了，老人终于得到了清静。

斯金纳不仅在行为矫正上做出了巨大作用，而且他还把理论运用到实际教学中，开发了独创的教学机器和教学程序。程序教学是20世纪第一个具有全球影响的教学改革运动，深刻地影响了当时美国及世界其他国家的教学实践。简单地说，程序教学是通过教学机器呈现程序化教材从而进行自学的一种方法。它把一门课程学习的总目标分成几个单元，再把每个单元分成许多小步骤。学生在学完每一步骤的课程后，就会马上知道自己的学习结果，即能得到及时强化，然后按顺序进入下一步的学习，直到学完一个个单元。在学习过程中，学生可按自己的学习能力和学习习惯，自定学习步调，自主进行反应，逐步达到总目标。

总之，斯金纳的操作性条件反射对儿童的行为塑造、矫正以及在教学实践中起着重要的作用。但同时，不可否认的是，斯金纳同桑代克和华生一样，坚持了机械主义的观点，完全摒弃了对学习的认识过程的研究，同时也抹杀了学习的主观能动作用。他简单地用操作性条件反射来解释人类的学习，带有极大的片面性。

学得早就一定学得好吗

——格塞尔的双生子实验

有一则新闻讲的是神童魏永康的事，我们一起来看看。

1983年6月，魏永康出生于湖南省华容县的一个普通家庭。自小天资过人的魏永康，成了这个家庭的全部希望。

魏永康刚生下来两三个月时，母亲就教儿子识字，还经常读唐诗给儿子听。尽管魏永康还不会说话，但这种早期教育还是取得了不少效果。

1985年，2岁的魏永康就掌握了1000多个汉字。4岁时，他基本学完了初中阶段的课程，后来连小学也只读了二年级和六年级。1991年10月，年仅8岁的魏永康连跳几级进入县属重点中学读书。

13岁时，魏永康以高分考入湘潭大学物理系。

1996年9月，魏永康在妈妈的陪同下来到湘潭大学。妈妈一直陪读，持续到魏永康大学毕业。

2000年5月，17岁的魏永康以总分第二的成绩考进中国科学院高能物理所，成为硕博连读研究生。脱离了母亲的照顾后，魏永康完全无法安排自己的学习和生活，最后被学校劝退了。

不想让孩子输在起跑线上，这不仅是每个家长的心声，更是热衷于早教的家长们最有力的理论支撑。中国不是有句话叫作“笨鸟先飞”吗？早起步几年，再笨也比你零基础要好吧？那我们想问一下，学得早就一定学得好吗？

美国心理学家格塞尔通过实验，提出了“成熟势力说”的理论。我们用这个理论来说明这个问题。

格塞尔找了一对未满周岁的孪生兄弟，先对他们进行了行为基线的观察，确认他们发展水平相当。他准备了一架小梯子，梯子宽 30cm，每格之间的间距为 5cm，梯子两边有扶手，并且在每格楼梯上都包着厚厚的绒布。两兄弟看到梯子，立刻产生了兴趣，围着它爬，并试图爬上去，但是都没能成功。格塞尔选择弟弟在 48 周大的时候先进行爬楼梯、搭积木、肌肉协调和运用词汇等训练，而对哥哥则不做训练。

这样的训练持续了 5 周，其间弟弟比哥哥确实更早地显示出某些技能。到了第 53 周，对哥哥也进行训练，训练 2 周后，哥哥也能很快灵活地爬梯子了，与经过了 7 周训练的弟弟达到了相同的爬梯水平。（图 1－2）

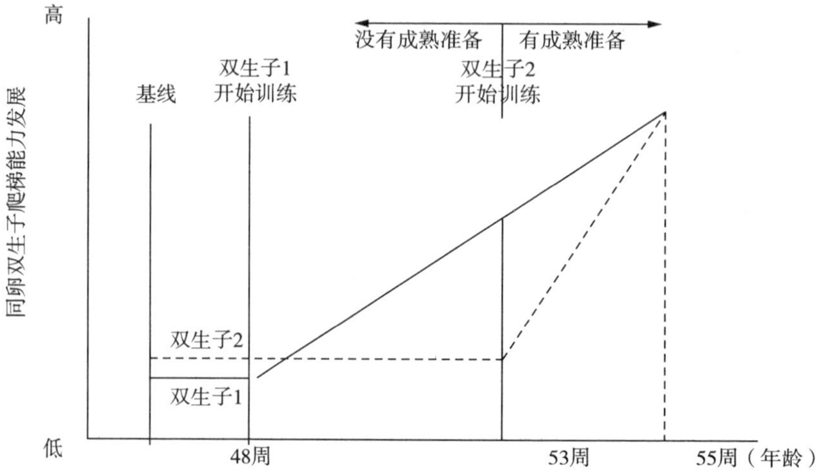

图 1－2

孪生兄弟的生理结构与生长环境是十分相似的，为什么先接受训练的弟弟在爬梯上没有表现出优势呢？格塞尔认为，个体的生理和心理发展，都是按照基因规定的顺序有规则、有顺序地进行。通过基因来指导发展过程的机制就是成熟的。出生以后，成熟继续指导着发展。因此，成熟是推动儿童发展的主要动力。没有足够的成熟，就没有真正的变化，脱离了成熟的条件，学习本身并不能促进发展。

在成熟论看来，发展取决于成熟，而成熟的顺序取决于由基因决定的时间表，因此年龄便成为心理发展的主要参照物。格塞尔收集整理了数以万计儿童的发展行为模式，推出了格塞尔行为发育诊断量表(即年龄常模)。通过与行为发育的年龄常模相比较，即可判断不同儿童的心智发展水平，因而该诊断量表在临床实践中运用十分广泛。

在上述发展理论的基础上，格塞尔提出了自己的育儿观念：

(1)不要认为你的孩子成为怎样的人完全是你的责任，你不需要抓紧每一分钟去“教育”他；

(2)学会欣赏孩子的成长，观察孩子每一周、每一月出现的新发展；

(3)尊重孩子的实际水平，在尚未成熟之前，耐心等待；

(4)不要老想“下一步应该发展什么了”，应该让你的孩子体验每一个发展阶段的快乐。

如果你一味地要去揠苗助长，这样的做法至少有三个问题：

一是违背了孩子发展规律的训练，孩子被迫付出的努力太大，使孩子牺牲了个性等多方面发展的机会。

二是过于超前训练所得的即时效应意义不大，有些知识和技能在孩子成熟到一定程度后再给予是轻而易举的事，不恰当的拔高，这种短时效应难以长久。这也正是中国孩子为什么没有后劲的原因之一。

三是训练者急于求成的浮躁心态和所运用的强制性方法对孩子会产生不良影响，孩子被压抑的兴趣和经常焦虑的心情，久而久之将不利于孩子的健康。

学得早一定学得好吗？“双生子实验”表明不一定！

发展只能等到生理成熟后吗
——维果茨基的“最近发展区”实验

维果茨基是苏联早期一位杰出的心理学家，社会文化历史学派的创始人，苏联心理科学的奠基人之一。他所创立的文化历史理论对心理学的发展产生了广泛而深远的影响，尤其是他的心理发展观、活动观、内化说、最近发展区理论、心理学方法论等心理学思想，具有积极的启发意义。他逝世时，虽然只有38岁，但他在普通心理学、儿童心理学、教育心理学、病理心理学和艺术心理学等多学科领域中所取得的成就却是很大的。

维果茨基对儿童心理学的一个突出贡献就是提出了最近发展区的概念。最近发展区是一种介于儿童看得见的现实能力与并不明显的潜在能力之间的潜能范围，也就是一种儿童无法依靠自己来完成，但可以在成人或更有技能的儿童的帮助下完成的任务范围。最近发展区理论是历史—文化学说中促进儿童高级心理机能发展的核心思想。维果茨基认为，儿童的发展变化，本质上是不同时期一系列最近发展区的获得。而下面所介绍的这个“摘苹果实验”正反映了最近发展区理论。

心理学家将一群学生随机分成两个小组，让他们各自摘悬挂于半空中的苹果。两个小组摘苹果的方法各不相同：第一小组的学生，让他们一开始就去摘悬挂高度超过自己跳跃能力的苹果；第二小组的学生要摘的苹果，则悬挂在他们通过努力跳跃就能摘到的高度，然后再逐步提高苹果的高度。心理学家认为：又红又大的苹果对两个小组的学生的诱惑力是相同的。因此，开始时两个小组的学生都非常兴奋，都不断地去尝试，不断跳跃着去摘苹果。摘苹果的结果不难想象：第一小组的学生根本摘不到苹果，因为悬挂的高度远远超过了他们的跳跃极限，远远超过了他们的能力；而第二小组的学生不仅摘到了不少苹果，依旧保持着刚开始的激情，而且跳跃能力也有很大的长进。心理学家紧接着让两个小组的学生都摘同样高度的苹果，令人吃惊的是情况大不一样了：第一小组的学生懒洋洋的，他们中的多数人走过场地应付几下，明显失去了兴趣；第二小组的学生则充满活力和激情，他们不断跳跃，而且跳跃的平均高度明显高于第一小组。

显然，第一小组的学生由于努力未有成效，形成了不良心态，大都失去了信心；而第二小组的学生由于不断努力，不断进步，显得踌躇满志，信心百倍，取得了较大的收获。

最近发展区是一个动态的概念，处于某一年龄阶段的儿童，他的最近发展区在一定条件下会转变为下一个年龄阶段的现实发展水平，而下一个阶段又有新的最近发展区。要深入

理解这个概念，我们需要了解它的理论要点和引申含义。（图 1－3）

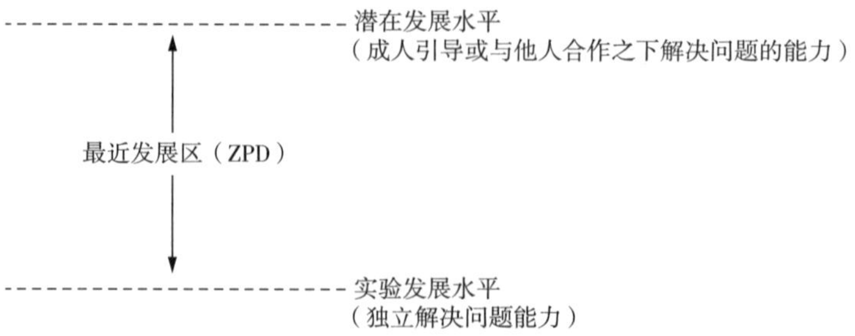

图 1－3

首先，维果茨基的理论基础和出发点就是确定儿童发展的两种水平：第一种是现有的发展水平，这是已经形成的心理机能的发展水平；第二种是在别人的帮助下所达到的解决问题的水平，也就是通过教学获得的潜力。他认为，明确这种关系是教育对儿童的发展起主导和促进作用的前提条件。

其次，最近发展区是由教育创造的，两种发展水平之间的距离也是由教学动态决定的，教学本身就是一种发展。就教育过程而言，重要的不是着眼于儿童现在已经完成的发展过程，而是关注儿童正处于形成的状态或正在发展的过程。只有走在发展前面的教学，才能有效地促进儿童的发展。

最近发展区的大小，是儿童心理发展潜能的重要标志。当儿童因缺乏有关知识而不能完成某种智力任务时，一旦获得了有关知识，就有可能完成任务。在杨玉英的研究中，对不能完成推理任务的儿童全都采取了提示法。结果发现，其中一部分儿童在提示的条件下正确地完成了任务。在这个实验研究中，对 3 岁儿童提示无效，但对 3 岁以后的儿童，提示的作用随年龄的增长而增长。这说明解决相应推理问题的能力在年龄较大儿童的最近发展区之内，而 3 岁儿童的最近发展区还达不到所要求的水平。由此可见，了解儿童心理发展的最近发展区，可以向他们提出稍高而又力所能及的任务，使他们跳一跳就能达到新的发展水平。

简而言之，最近发展区理论注重儿童的主体作用、教师及同伴和社会互动等因素对儿童的知识建构的重要作用，强调教育的社会互动性及儿童在认知发展过程中的决定性作用。

第二章 儿童心理发展的影响因素

关于人的发展取决于什么因素，一直有不同的观点。英国心理学家高尔顿通过对家谱的研究发现，音乐世家容易出音乐家，美术世家容易出画家……从而得出人的发展取决于遗传的结论。美国心理学家华生则主张环境决定论，他曾说："给我一打健全的婴儿，一个由我支配的特殊环境，让我在这个环境里教育他们，那么，不论他的天资、爱好、脾气以及他祖先的才能和种族如何，我可以保证把他们中的任何一个训练成为任何一种人——医生、律师、艺术家、商人甚至乞丐和强盗。"大教育家夸美纽斯则认为，把来到世界上的人的心理比作一颗种子或一粒谷米是很正当的，植物或树木实际已经存在种子里面……我们不必从外界拿什么东西给一个人，只需把暗藏在身体内的固有的东西揭开和揭露出来，并重视每个个别的因素就够了。基于以上观点，有的人认为我们完全可以按照自己的主观愿望将儿童培养成所需要的人；有的人认为每个人的遗传特征决定了其人生发展的速度和结果，教育和环境在个人的发展过程中都显得苍白无力；还有的人则认为儿童的成长是遗传与环境、天性与教养、成熟与学习多种因素交互作用的结果。

智慧可以遗传吗

——遗传对儿童心理的影响

我们经常听人说，努力地培养你的儿子，还不如精心地去栽培你的儿媳，这句话有道理吗，让我们来看看。

在 20 世纪八九十年代，基因研究水平突飞猛进，科学家们一直致力于智力遗传因素的研究，虽然在 2003 年人类基因图谱已经全部测序完成，但是没有找到控制智商的特定基因。作为遗传学家的罗伯特博士，分析研究了我们并不熟悉的智力基因，他认为我们有很多这样的基因，即便是很多，但它们的作用也很小，这些基因一旦表达，基因间的差异便会在大脑中显现。科学家现在已经通过成千上万对双胞胎收集到了更多的实时数据。这些数据表明：高尔顿、波特等人的方向起码是对的，大部分智力是通过基因遗传的，智商是高度遗传的特征之一。成年后，彼此之间有 50%～60%的差异，是因为基因差异造成的。所以，罗伯特博士说，估计一半的智商是基因决定的，另一半当然是由环境和后天培养决定的。

现在让我们来回答开头的问题，似乎这个问题是真的，因为据说跟智慧有关的基因位于 X 染色体上。

遗传因素对人的能力和智力的影响可以从几个方面加以解释：

(1)对动物进行选择性育种，可以看到一些遗传的效应。有个心理学家叫曲莱恩，他依据走迷津的能力，将一群最初未加挑选的白鼠分类，选择其中聪明的公鼠与聪明的母鼠配对繁殖，迟钝的公鼠与迟钝的母鼠配对繁殖，再对子代白鼠走迷津的能力进行考察。这样重复进行到第七代，聪明组与迟钝组的表现相差较为明显，聪明组白鼠进入盲区的次数要大大低于迟钝组白鼠。这说明：动物的某些能力具有明显的遗传效应，不同遗传素质的白鼠具有截然不同的学习能力。（图 1－4）

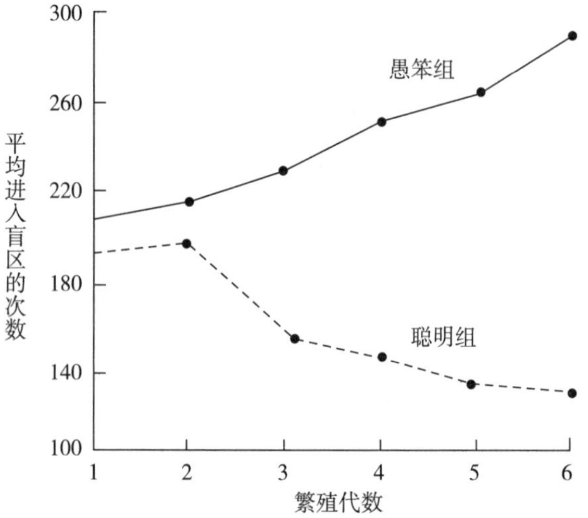

图 1－4　选择性繁殖与白鼠走迷津错误次数间的关系

（2）家谱研究：高尔顿说，人为什么会有个体差异呢？那是因为遗传。他通过谱系调查，论证了遗传与个体差异的关系。他在调查了 1768—1868 年这 100 年间英国的首相、将军、文学家和科学家共 977 名获得智力成熟的人的家谱后发现，其中有 89 个父亲、129 个儿子、114 个兄弟，共 332 名杰出人士。而在一般老百姓中每 4000 人才产生一名杰出人士。因此他认为普通能力是遗传的。在调查 30 家有艺术能力的家庭中，他发现这些家庭中的子女也有艺术能力的占 64%；而 150 家没有艺术能力的家庭，其子女中只有 21%有艺术能力，因此他断言艺术能力这种“特殊能力”也是遗传的。他发现，遗传随着亲属关系程度的降低，杰出亲属的比例也显著地下降。

高尔顿根据遗传与个体差异的关系倡导善择配偶，改良人种，并在 1883 年《人类才能及其发展的研究》一书中首创“优生学”这一术语。这一理论虽然也受到了很多人的诟病，但他对现代生活的影响也是不容小视的。

（3）对同卵双生子和异卵双生子的研究表明：同卵双生子在心理与行为上更为相似。因为同卵双生是由同一个受精卵分裂而成的，两者具有几乎完全相同的遗传特性。

（4）在许多的领养研究中发现，被领养的儿童 IQ 与生父母的相关大于与养父母的相关，这也为遗传因素的重要性提供了依据。

有些心理发展不健全的孩子，是因为遗传造成的。

比如一个生来就是全色盲的孩子，就无法辨别颜色，更无法成为一名出色的画家。

再比如唐氏综合征患者在他的第 21 对染色体上出现三条染色体，这样的孩子往往智力低下。这种由遗传所导致的智力缺陷，目前尚没有有效的措施来加以克服，处理方法只能是使儿童的潜能尽可能得到充分的发挥。研究发现，随着母亲怀孕年龄的提高，新生儿唐氏综合征的患病率会显著增加。孕妇如在怀孕的16～20周进行羊膜穿刺术，通过对脱落在羊水中胚胎细胞染色体的检测分析，可以早期诊断胎儿是否患有该征，此时可采取必要的措施，如选择流产。

“一两的遗传，胜过一吨的教育。”这句话是美国教育家、心理学家霍尔提出来的，对这句话的理解是：遗传是儿童心理发展的重要前提，但是让这种前提变为现实的，更多的是后天环境与教育因素。

天才可以人造吗
——环境因素对儿童心理发展的影响

我们都知道，宝石可以人造，美女也可以人造，那么天才可以人造吗？我们是否可以通过改变环境和教育来塑造天才？

20世纪所做的研究显示，孩童的成长环境，确实能决定一般智力的高低。伊利诺大学的葛琳诺教授想知道哪种刺激能造成智力的不同，所以他用老鼠做了一些实验：他将一群老鼠养在一般实验室的笼子里，老鼠在里面的生活舒适但很无聊，这些老鼠被称为“懒惰老鼠”；另一群老鼠得上健身房，他们一天得运动两次，每次20分钟，葛琳诺教授想知道，运动是否可以影响大脑。的确如此，“健身房老鼠”的大脑比较健康，血供也较好，但它们比较聪明吗？

我们大家都知道，神经元之间的连接是大脑智力的基础，神经元的连接越丰富，大脑就会越聪明，但是从实验中，葛琳诺教授发现，健身房的老鼠的大脑虽然血液供应增加，但它们脑细胞之间的联系却和懒惰老鼠一样多。

在另一项实验中，葛琳诺教授同时给老鼠生理和心理的刺激，他为一群“特技老鼠”盖了一座精致的障碍跑道，“特技老鼠”运动量很大，并面临着智力挑战。他发现，这些老鼠真的比较聪明，它们的脑细胞联系与懒惰老鼠和健身房老鼠相比多出25%，因此，运动加上脑力刺激，能创造出更健康聪明的老鼠。人类也是如此吗？葛琳诺教授说，基本原则是一样的，那就要尽可能地以生理或心理活动来刺激脑部。

在20世纪60年代，美国加利福尼亚大学的罗森茨威格和他的同事历时十余年，进行了一系列研究。他们专门培养了多种种系的老鼠，分别把它们放于所谓的“标准环境”“贫乏环境”以及“丰富环境”中。每次实验都采用12只作为被试对象。具体如下：选取一批遗传素质一致的老鼠(一窝的老鼠)，把它们任意分成3组。第1组3只老鼠被关在铁笼子里一起喂养，空间足够大，总有适量的水和食物，此为“标准环境”。第2组老鼠被单个地隔离起来，身处在三面不透明的笼子里，光线昏暗，几乎没有刺激，此为“贫乏环境”。第3组5～7只老鼠一起被关在一个大而宽敞、光线充足、设备齐全的笼子里，内有秋千、滑梯、木梯、小桥及各种“玩具”，玩具从25种新玩具中变换。此外，老鼠们每天都参加一个在大场地中进行的探索活动，场地周围有栏杆拦着，且这些栏杆的图案每天都在变换，此为“丰富环境”。

实验人员让老鼠在这些不同的环境中生活的时间从4周到10周不等，经过不同阶段的实验后，实验人员对这些老鼠进行了解剖，以确定它们的脑部是否有不停的发展，解剖时按照编号的随机顺序进行，以避免实验人员知道老鼠是在哪组环境下成长的而产生偏见。解剖大脑后对各个部分进行测量、称重和分析，确定细胞生长的综合神经递质活动的水平。

这 3 组老鼠分别经过几个月的环境“熏陶”后，马克・罗森茨威格发现处于“丰富环境”中的老鼠优势最为显著，它们很活跃，看起来也非常的聪明；处于“贫乏环境”中的老鼠最“老实、安静”，给人傻乎乎的感觉。之后他们将老鼠的大脑摘出解剖，进行分析，结果发现 3 组老鼠在大脑皮层厚度、脑皮层蛋白质含量、脑皮层与大脑的比重、脑细胞的大小、神经纤维、神经胶质细胞的数量等方面，都存在着明显的差异。“丰富环境”组的老鼠优势最为显著，而“贫乏环境”组的老鼠劣势最大。有关两组老鼠大脑的神经突触发现，在“丰富环境”的老鼠，比在“贫乏环境”的老鼠神经突触大 50%。所以他们得出结论：大脑构造及化学成分的很多方面可以被环境和经验改变。

尽管罗森茨威格的实验以老鼠为被试对象，实验结果很难推广到人的身上，但他们所做的工作对这一领域研究的持续发展起到了催化剂般的作用。现存的一些研究证明：婴儿期环境的丰富与否影响着大脑结构及其机能的发展，这一结论对我们的早期教育及教育教学实践有着重要的启发意义。

心理学家沙赫特・斯坦利也做过一个实验：他以每小时 15 美元的酬金，聘请人到一个小房间去住。这个小房间与外界完全隔绝，没有报纸，没有电话，不准写信，也不让其他人进入，营造了一个真正的“贫乏环境”。最后有 5 人应聘参加实验，实验结果是：有一个人在小房间里只待了两个小时就出来了，有 3 个人待了两天，另一个人待了 8 天。这个待了 8 天的人出来以后说：“如果让我在里面再多待一分钟，我就要发疯了。”可见，一个极端贫乏的环境，是让人无法忍受的。

上面我们分别探讨了遗传与环境因素在心理发展中的作用，但应该注意的是遗传与环境因素对心理发展的作用并不是孤立的，而是相互依存、相互渗透的。

在发展的低级阶段，一些较简单的初级心理机能（如感知、动作、基本言语等）遗传与成熟的制约性较大，而较复杂的高级心理机能（如抽象思维能力、道德、情感等）则更多地受环境和教育的制约。

我很看好你哟
——教师期望对儿童心理的影响

远古时候，塞浦路斯国王皮格马利翁喜爱雕塑。一天，他用象牙雕刻了一座他理想中的女性塑像，久久相伴，他竟对自己的作品产生了爱慕之情，每天都以深情的眼光观赏不止。他祈求爱神阿佛洛狄忒赋予雕像以生命。阿佛洛狄忒为他的真诚爱情所感动，就使这座美女雕像活了起来。皮格马利翁遂称她为伽拉忒亚，并娶她为妻，从此两个人幸福地生活在一起。

1963 年，美国心理学家罗森塔尔告诉学生实验者，用来进行迷津实验的老鼠来自不同的种系：聪明鼠和笨拙鼠。实际上，老鼠来自同一种群。但是，实验结果却得出了聪明鼠比笨拙鼠犯的错误更少的结论，而且这种差异具有统计学意义。但是，罗森塔尔对学生实验者测试老鼠时的行为进行观察，并没发现欺骗行为，或做了其他使结果歪曲的事情。似乎可以推断，拿到聪明鼠的学生比那些拿到笨拙鼠的学生，更能鼓励老鼠去通过迷宫。也许这影响了实验的结果，因为实验者对待两组老鼠的方式不同。

1968年，罗森塔尔又做了一个著名试验。他在一所小学的一至六年级各选三个班的学生，进行所谓“预测未来发展的测验”，并煞有介事地以赞赏的口吻，将一份“最有发展前途者”的名单交给了校长和相关教师，叮嘱他们务必要保密，以免影响实验的正确性。其实他撒了一个“权威性谎言”，因为名单上的学生根本就是随机挑选出来的。

结果八个月后，对这些学生进行智能测验，发现名单上的学生成绩确实进步了，而且性格更为开朗，求知欲强，敢于发表意见，与老师关系也特别融洽，教师也给了他们好的品行评语，而且这种现象在低年级中表现更为明显。实验取得了奇迹般的效应。

罗森塔尔认为这个结果是因为教师接受了“权威谎言的暗示”，对名单上的学生态度发生了变化，产生了偏爱心理和情感，从而对学生的心理与行为产生了直接影响，并促进了预期期望效果的达成。他借用希腊神话中主人公皮格马利翁的名字，把这个效应命名为“皮格马利翁效应”。后来，人们也称之为“罗森塔尔效应”或“教师期望效应”。

这是为什么呢？是由于老师的期望起了关键作用。老师们相信专家的结论，相信那些被指定的孩子确有前途，于是对他们寄予了更高的期望，投入了更大的热情，更加信任、鼓励他们，反过来这些孩子的自信心也得到了增强，因而比其他的80%的学生进步得更快。人们又总是把爱和信任倾注于最有希望的目标，因此教师在接触具有“最佳发展前途”的儿童时，连他们自己也未必意识到嘴角上浮起的温和的微笑，他们总是很容易就发现这些儿童的优点和长处，课堂上总爱提问这些“小天才”，一回答得好，立即给以鼓励。孩子幼小的心灵十分敏感，他们从教师的唇边眼角、和蔼的语气和鼓励的目光中，得到了暗示，感受了爱的温暖，增强了上进心和自尊心，并自觉规范自己的行动作为回报。而教师则更加坚定了自己的信念，愈加关怀这些“最佳儿童”。至此，一条感情交融贯通的渠道牢固地形成了。

这个实验告诉我们，你对他人的期望会间接地产生多么巨大的效果。我们以积极的态度期望别人，别人可能就会朝着积极的方向改进；相反，我们对他人的偏见也能产生消极的结果，尤其对那些缺乏自知和自控能力的未成年人。

卡耐基很小的时候，母亲就去世了。在他9岁的时候，父亲又娶了一个女人。继母刚进家门的那天，父亲指着卡耐基向她介绍说：“以后你可千万要提防他，他可是全镇公认的最坏的孩子。”

但继母的举动却出乎卡耐基的意料，她微笑着走到卡耐基面前，摸着卡耐基的头说：“他怎么会是全镇最坏的男孩呢？他应该是全镇最聪明最快乐的孩子才对。”

继母的话深深地打动了卡耐基，从来没有人对他说过这种话啊，就凭着继母这一句话，他和继母开始建立友谊。也就是这一句话，成为激励他的一种动力。

美国的威廉·詹姆斯研究发现，人类本性中最深切的渴求就是受到赞扬。“皮格马利翁效应”启示我们：恰如其分地给予赞美和激励，使他们感觉到老师对自己的信任、肯定和爱，可以促使他们更加充分地挖掘自己的潜能，增强自信心，调动积极性。这是一项非常重要且卓有成效的教育技术。

让独生子女当“老大”

——出生顺序对孩子智力影响的研究

人们很久以前就知道了出生顺序的重要性。如今越来越多的证据正在表明它的影响力。为什么会出现这样的情况呢？到底是哪个更聪明？为什么同一个妈妈生出来的两个孩子，生活在同一个家庭里，性格和智力都会有天壤之别呢？出生顺序真的对孩子的智力有影响吗？而在今天的家庭里，独生子女居多，还会不会受影响？

从许多人的育子经验来看，长子或长女都比弟弟妹妹们更聪明，这在现实生活中也能找到大量的案例。调查显示：很多“老大”在社会上的地位也都比弟弟妹妹们显赫。著名的心理学家阿德勒早就指出“老大在智力方面存在优势”，一些心理学家也认同他的观点，因为这从长子继承制度中可以看出端倪。随后的一些研究表明，出生次序与智商之间确实存在着某种关系：越晚出生，智商越低。

为了研究出生顺序对儿童智力的影响，美国心理学家桑琼及其助手马库斯对一项调查进行了实验数据分析，并创造性地提出了家庭平均智力的理论。

这个实验有点特殊，因为它没有直接的被试对象。研究者使用了其他科研人员 20 世纪 60 年代末到 70 年代初，在荷兰收集的有关 35 万名荷兰男子瑞文测验（一种非语言智力测验）的结果，发现出生顺序与被试对象的测验成绩有显著相关：测验得分随家庭人员的增多而降低，并随着出生顺序的推进而下降。而独生子女的得分仅相当于拥有 4 个孩子的家庭中第一个孩子的得分。

对于这个现象，桑琼和马库斯提出了出生顺序对孩子智力影响的解释理论。他们认为：一个家庭中的智力环境可以通过家庭所有成员的平均智力贡献来计算，如果孩子生活在一个能提供较多智力刺激的环境中，那么他们就能获得较高的智力。

具体来说，如果一对夫妇在生第一个孩子时，智力环境由两个成人和一个婴儿组成。假设每个成人的智力贡献值是 100，新生儿的智力贡献值是 0，那么家庭的平均智力环境水平就是（100＋100＋0）/3≈67。假设孩子每长大一岁，智力贡献值就增加 5，那么两年后，第二个孩子出生时，家庭平均智力环境水平就降到（100＋100＋10＋0）/4＝52.5。也就是说，随着出生顺序的推进，新生儿享有的家庭智力环境水平在不断地降低。这就解释了为什么智力水平随着出生顺序的推进而下降。

一位美国学者也对这种现象进行了调查实验，参与实验的孩子一共 43000 名。实验结果表明：在家庭中第一个出生的孩子，IQ 普遍比第二个出生的孩子高。

挪威奥斯陆大学研究人员发现，头胎孩子的平均 IQ 得分超过了 103，而第二胎孩子仅超过 100，第三胎约为 99。如果因老大夭折而“晋升”成为老大的孩子，他们的平均 IQ 得分也能达到 103。

还有一个对一流大学的 100 名学生进行的调查，结果表明：在家庭中是第一个出生的孩子的比例最大。

关于第一个孩子比第二个孩子聪明的解释还有以下几种：

1. 第一个孩子受到更好的教育

第一个孩子对教育机会常常有优先权，他们刚一出生，就占尽先机接受父母集中性的教育，并且父母对抚育的第一个孩子总是不自觉地很用心，他们普遍对第一个孩子关怀备至，同时要求严格，寄予很高的期望。也因此，长子常常会显得慎重、顺从而又颇具权威。与此相比，第二个孩子就比较缺少从父母那里得到深化教育的机会，并且父母的教育精力已经分散。

2. 经常充当“小老师”

加州大学伯克利分校研究出生次序与智力关系的学者弗兰克·萨洛韦认为：第一个出生的孩子的高智商可能是因为他们经常辅导他们的弟妹。老大经常充当父母的小帮手，辅导、照顾弟妹，这使他们从小就有一种责任感，也较早地锻炼了他们的能力。

3. 生理原因

有研究者认为：在生第二胎的时候，夫妻两人的生殖机能已经有了不小的退步。如果说旺盛的精子和卵子可以生出聪明的孩子，那我们就不难理解第一个孩子比第二个孩子聪明的原因了。

那么，对于现在越来越多的独生子女，这种现象有没有影响他们的智力呢？

桑琼和马库斯的研究里，有这样一个现象：尽管独生子女的家庭平均智力环境优异，但他们的智力水平并不高于多子女家庭中的长子。对此，他们认为，独生子女与幼子一样，他们在整个家庭中都是最小的，无法成为他人的老师，这在一定程度上影响了他们的智力发展。

因此，在日常生活中，多给孩子当“老师”的机会，父母不妨多“请教”孩子，让孩子在“老师”的角色中提高自己的能力和智力。如果父母装点笨偷点懒，让孩子自己去摸索、去探索，孩子就会得到更多的锻炼。当然，如果父母在某些方面不如孩子，更应该虚心向他们请教，以此增强他们的信心和学习兴趣。

我们该如何表扬孩子

——“表扬”与“鼓励”的差别

大家常常会把“表扬”和“鼓励”混为一谈，但来自斯坦福大学的测试结果令人震惊，其两者的结果大相径庭！区分好两者非常关键。

斯坦福大学著名发展心理学家卡罗尔·德韦克在过去的10年里，和她的团队都在研究表扬对孩子的影响。他们对纽约20所学校，400名五年级学生做了长期的研究，这项研究结果令学术界震惊。

1. 孩子对表扬或鼓励有多敏感？一句话划出分水岭

首先，让孩子们独立完成一系列智力拼图任务。研究人员每次只从教室里叫出一个孩子，进行第一轮智商测试。测试题目是非常简单的智力拼图，几乎所有孩子都能相当出色地完成任务。每个孩子完成测试后，研究人员会把分数告诉他，并附一句鼓励或表扬的话。研究人员随机地把孩子们分成两组：一组孩子得到的是一句关于智商的夸奖，即表扬。比如，

“你在拼图方面很有天分,你很聪明。”另外一组孩子得到的是一句关于努力的夸奖,即鼓励。比如,“你刚才一定非常努力,所以表现得很出色”。

为什么只给一句夸奖的话呢?对此,德韦克解释说:“我们想看看孩子对表扬或鼓励有多敏感。我当时有一种直觉:一句夸奖的话足以看到效果。”

2. 第二轮拼图测试,结果逐渐呈现差别

随后,孩子们参加第二轮拼图测试,有两种不同难度的测试可选,他们可以自由选择参加哪一种测试。一种较难,但会在测试过程中学到新知识。另一种是和上一轮类似的简单测试。结果发现:那些在第一轮中被夸奖努力的孩子,有 90%选择了难度较大的任务。而那些被表扬聪明的孩子,则大部分选择了简单的任务。由此可见,自以为聪明的孩子,不喜欢面对挑战。

为什么会这样呢?德韦克在研究报告中写道:“当我们夸孩子聪明时,等于是在告诉他们,为了保持聪明,不要冒可能犯错的险。”这也就是实验中“聪明”的孩子的所作所为:为了保持看起来聪明,而躲避出丑的风险。

3. 测试继续进行,差别越来越大

第三次,所有孩子参加同一种测试,没有选择。这次测试很难,是初一水平的考题。可想而知,孩子们都失败了。先前得到不同夸奖的孩子们,对失败产生了差异巨大的反应。那些先前被夸奖努力的孩子,认为失败是因为他们不够努力。

这次测试中,德韦克团队故意让孩子们遭受挫折。接下来,他们给孩子们做了第四轮测试,这次的题目和第一轮一样简单。那些被夸奖努力的孩子,在这次测试中的分数比第一次提高了 30%左右。而那些被夸奖聪明的孩子,这次的得分和第一次相比,却退步了大约 20%。

德韦克一直怀疑,表扬对孩子不一定有好作用,但这个实验的结果,还是大大出乎她的意料。她解释说:“鼓励,即夸奖孩子努力用功,会给孩子一个可以自己掌控的感觉。孩子会认为,成功与否掌握在他们自己手中。反之,表扬,即夸奖孩子聪明,就等于告诉他们成功不在自己的掌握之中。这样,当他们面对失败时,往往束手无策。”

在后面对孩子们的追踪访谈中,德韦克发现,那些认为天赋是成功关键的孩子,不自觉地看轻努力的重要性。这些孩子会这样推理:我很聪明,所以我不用那么用功。他们甚至认为,努力很愚蠢,等于向大家承认自己不够聪明。

德韦克的实验重复了很多次。她发现:无论孩子有怎样的家庭背景,都受不了被夸奖聪明后遭受挫折的失败感。男孩女孩都一样,尤其是成绩好的女孩,遭受的打击程度最大。甚至学龄前儿童也一样,这样的表扬都会害了他们。

鼓励是指鼓劲而支持,表扬则是指对一件事或品行的宣扬。

鼓励通常是针对过程和态度的:“爸爸看到你这学期的努力,为你骄傲!”表扬通常是针对结果和成效的:“爸爸看到你成绩提高,为你高兴!”

多鼓励,少表扬;多描述,少评价,可以避免孩子被表扬绑架。德韦克的实验重复了很多次。实验都表明:表扬容易让人变得脆弱,鼓励使人培养进取精神。表扬是夸奖其天分,鼓励是夸奖其行为。儿童在成长阶段,成人在学习工作时,常会被夸奖聪明,而不是赞许很努力,导致了人们容易产生我比别人都聪明,我不需要很努力的想法。其实一般来说,普通人的智商不会有很大的区别,是否成功多半是取决于后天的学习和努力。要让孩子们明白,一分耕耘才能有一分收获。

你是什么类型的父母

——教养类型对儿童个性影响

对子女的教育是大家普遍关心的话题，在教育过程中，最值得重视的是父母对子女的家庭教养方式。父母是孩子最初的老师，也是最重要的老师之一，他们的一言一行对孩子有着最为直接的影响。因此，他们教育孩子的观念、态度和方法都对孩子的发展有着极为重要的影响。近年来，非智力因素对儿童发展的作用日益受到重视，性格作为非智力因素的重要组成部分，对儿童的发展起着不可忽视的作用。因此，培养儿童的良好性格成为现代教育的重要内容。但现在家庭中子女大多为独生子女，独生子女受到的父母之爱强烈而集中，他们的生活条件很优越，很多儿童养成了自私任性的性格。那么父母的教育方式和孩子个性的形成是一种什么关系呢？父母应该以怎样的教养方式来培养孩子优良的个性品质呢？

据世界精神卫生日活动的有关资料显示，在我国 17 岁以下的儿童和青少年中，至少有 3000 万人受到各种情绪障碍和行为问题的困扰，中小学生心理障碍患病率也在逐年提高，突出表现为人际关系、情绪稳定性和学习适应性方面的问题。而孩子心理健康问题形成的最重要的原因之一，就是父母不良的教养方式。

什么是教养方式？就是指父母对孩子管教的一种大概取向，包括父母教育孩子的观念、态度和方法。比如，有的父母教育孩子言语亲切、和风细雨；而有的父母教育孩子粗暴野蛮、暴风骤雨。临床研究与实践证明：孩子的人格、情绪特点、心理状态和行为方式等都与其父母的教养方式密切相关。如果父母对孩子采用严厉惩罚（包括体罚、苛求、威吓等）、拒绝否认的方式越多，孩子越可能多地表现出孤独、不关心他人、难以适应外部环境、喜欢冒险等特征，也更易产生焦虑、担忧及某些强烈的情绪反应。父母不同的教养方式，就会有不同个性的孩子。

对于这些常常让家长困惑的问题，美国加利福尼亚大学教授、心理学家鲍姆令德曾经进行了长达 10 年的研究。他的研究已经成为发展心理学史上，具有里程碑意义的经典研究之一。

实验先将儿童按个性（儿童的独立性、自信、探究、自我控制、交往等方面）成熟水平分出最成熟的、中等成熟的和最不成熟的三个组，然后对这三组儿童父母的教养水平从控制、成熟的要求、父母与儿童的交往和教养四个方面进行评定。

在第二、第三次实验研究时采用与第一次实验相反的研究程序，方法是对三种不同教养类型父母的儿童做个性评定，等这些儿童长到 9 岁时再做一次个性评定。

实验的测评结果是：最成熟组儿童的父母教养水平最高，依次往下，最不成熟组儿童父母得分最低。鲍姆令德将这三组儿童的父母分别称为“权威型”“专制型”和“娇宠型”。

第二、第三次的实验结果发现，“权威型”父母的孩子在认知能力和社会能力发展方面都胜过其他两组儿童；“专制型”父母的孩子发展平平；“娇宠型”父母的女孩在认知和社会能力方面的得分都低于平均值，男孩的认知能力特别低。

从鲍姆令德的实验中明显可以看出：“权威型”父母教养方式对于孩子的培养和发展是最有利的。

在进一步的研究中,鲍姆令德提出了划分教养方式的两个维度,即要求和反应性。要求指的是父母是否对孩子的行为建立适当的标准,并督促其达到这些标准。反应性指的是对孩子接受和爱的程度及对孩子需求的敏感程度。根据这两个维度,可以把教养方式分为权威型、专制型、溺爱型和忽视型四种。

“权威型”父母,即“高要求、高反应”型。此类父母在对孩子的要求方面有适当的“高”和“严”。他们有明确合理的要求,会为孩子设立一定的行为目标,对孩子不合理的任性行为做出适当的限制并督促孩子努力达到目标;同时,他们并不缺乏父母应该有的温情,能主动关爱孩子,能够耐心地倾听孩子的述说,而且能晓之以理、动之以情,激励孩子自我成长。简言之,这类父母施行“理性、严格、民主、关爱和耐心”的教育方法。在这样的教导之下,孩子会慢慢养成自信、独立、合作、积极乐观、善社交等良好的性格品质。

“专制型”父母,即“高要求、低反应”型。这类父母在孩子眼里就像历史书上的“暴君”。他们会拿自己的标准来要求孩子,而没意识到要求过高对孩子的个性是一种变相的扼杀;他们不能接受孩子的反馈,对孩子缺乏热情和关爱,要求孩子无条件服从,不能及时鼓励和表扬孩子。在这种情况下,孩子容易形成对抗、自卑、焦虑、退缩、依赖等不良的性格特征。这类父母或者会拒绝孩子的要求,或者会由于过度关注自己的事情而对孩子投入极少的时间和精力。他们不会对孩子提出什么要求和行为标准,对孩子缺少教育,在感情上也表现得比较冷漠,对孩子的需要不予理睬或者不敏感。

我们这一代人不少是在这种教养方式下长大的。当代大学生里出现心理问题的也有不少出自这类家庭。有人在分析神经症的案例里,几乎都有相似的一条:童年时期父母过于严厉。高压之下情绪易出问题。

“溺爱型”父母,即“低要求、高反应”型。中国一直有尊老爱幼的传统美德,但有时候在“爱幼”上发挥得过了头,于是就有了这么多的“小皇帝”“小公主”。这类父母对孩子充满了无尽的期望和爱,尽自己最大的可能满足孩子的要求,但他们很少对孩子提要求。结果随着年龄的增长,孩子会变得依赖性强、任性、冲动、幼稚,做事缺乏恒心。

“忽视型”父母,即“低要求、低反应”型。这类父母或者会拒绝孩子的要求,或者会由于过度关注自己的事情而对孩子投入极少的时间和精力。不关心孩子的成长,不会对孩子提出什么要求和行为标准,在感情上也表现得较冷漠,对孩子的需求不予理睬或者不敏感,缺少对孩子的教育和爱。在忽视型教养方式下长大的孩子自控能力差,对生活会采取消极的态度,还会有其他不良的心理特征。

这是不成功的教养方式。在这种教养类型下成长的孩子,自控能力差,对生活会采取消极的态度,容易表现出较高的攻击性、易于发怒等问题,常发展为行为失调,课堂表现非常差。更为严重的是,这些孩子有可能成为充满敌意、自私、叛逆的青少年,他们缺少远大的目标,易出现如酗酒、逃学等反社会行为,甚至出现多种犯罪行为。

随着素质教育和民主教养观念的大力提倡,越来越多的父母学着“蹲下来和孩子说话”,选择“与孩子进行平等对话”。这些父母害怕在养育中充当“权威”,怕因权威激发孩子的逆反心理,违背民主教养精神。但这是一种误解,“权威”一词体现了两层含义:一是体现父母对孩子的要求,即“权力”,父母具有养育孩子的义务,同时也有教育的权力;二是体现孩子对父母的反馈态度,即父母在孩子心目中的“威信”。这是亲子间互动的结果。

那么怎样才能做一个有成就的“权威父母”呢?

父母是孩子的第一任老师，其言传身教对孩子影响巨大。

要想做一个“权威父母”，首先要严格要求自己，父母的一言一行，为人处世的观念、态度和方法对孩子有着最为直接的影响。为人父母者必须具有良好的道德品质，建设民主和睦的家庭氛围，对孩子的教养态度要严而不威不猛，使他们从小就从父母身上习得尊重人、关心人、团结人、体谅人等优良品质。

家庭成员与教师要达成一致，对孩子的教育应注意一致性和一贯性。家庭成员特别是父母对孩子要采取一致的态度，不可一个向左、一个向右。同时父母配合教师做好教育工作，就会形成一种强有力的教育合力，对子女营造一种集体的影响氛围，从而人人提高家庭教育的效果。

有良好的心态和情绪，能晓之以理、动之以情，善于聆听孩子，对孩子的要求要及时反馈，以免“权威”变成“专制”，还要克服对孩子的迁就和溺爱。现代著名的常识教育专家周弘先生曾说过：“想要孩子快，不说孩子慢，抱怨会使孩子越来越坏。”因此，我们要改变对孩子的关注点，要努力增强孩子的自信心。家长应学会合理地表达自己的情感，掌握爱和严的分寸，真正的爱应当与无原则的娇惯、溺爱、放纵区分开来。爱应当表现得有节制、有分寸、有理智。

欣赏、鼓励像阳光空气一样不可缺少，在孩子成长的过程中，家长要学会欣赏和鼓励，要善于发现自己孩子的闪光点，经常对他们的优势和长处进行称赞，并鼓励他们虚心学习，取长补短。

左脑天才，右脑疯子

——左右脑分工理论

你了解大脑吗？其实我们对于大脑的所知，大概相当于我们对于冰山一角的认识，这座冰山似的大脑巨大无比，1 兆的脑细胞和它们之间 50 万兆的神经环路，犹如宇宙中的星空。人类的大脑不是静止的，它有着 700 万年的历史，从南方古猿到现代人，大脑的容量增加了一倍，目前人类的脑重的均值为 1450 克。你知道学者症候群的人吗？人们对这一领域的研究结果预示着人类的脑部还在不断变化的过程中。

你可能已经意识到你的大脑的两半球并不相同，而且它们具有不同的功能定位。例如，你的大脑左半球负责身体右侧的行动，右半球负责身体左侧的行动，不仅如此，大脑的两半球在许多其他方面表现出更大程度的功能定位。

左半脑主要负责逻辑理解、记忆、时间、语言、判断、排列、分类、分析、书写、推理、抑制、五感（视、听、嗅、触、味觉）等，思维方式具有连续性、延续性和分析性的特点，因此左脑也被称作“意识脑”“学术脑”“语言脑”。右半脑主要负责空间形象记忆、直觉、情感、身体协调、视知觉、美术、音乐节奏、想象、灵感、顿悟等，思维方式具有无序性、跳跃性、直觉性等特点。现在对于我们来说，这已经成为相当普及的知识。

这个方面的研究先驱是美国心理生物学家斯佩里博士，他通过著名的割裂脑实验，证实了大脑不对称性的“左右脑分工理论”，因此荣获 1981 年诺贝尔生理学或医学奖。所谓割裂脑实验就是将大脑左右两个半球之间的胼胝体割断，外界信息传至大脑半球皮层的某一部分后，不能同时又将此信息通过横向胼胝体纤维传至对侧皮层相对应的部分，每个半球各自独立地进行活动，彼此不能知道对侧半球的活动情况。从 1952 年至 1961 年的 10 年里，斯佩里先用猫、猴子、猩猩做了大量的割裂脑实验，取得了一些成绩，为以后做“裂脑人”的研究奠定了基础。从 1961 年开始，斯佩里把“裂脑人”作为研究大脑两半球各种机能的研究对象，对“裂脑人”长时间进行了一系列的实验研究。

在随后的几组心理学家们的实验中，我们也能看到这种功能差异性的存在。

实验一：为了探讨孩子的大脑单侧化情况，美国心理学家福克斯等人以 10 个月大的婴儿为被试对象，测量了他们在两种条件下的脑电图。一种条件是母亲接近婴儿；另一种条件是陌生人接近婴儿。在母亲接近婴儿的条件下，婴儿产生了积极的情绪（如高兴的面部表情），与此相联系的是婴儿大脑左额叶处的脑电活动性相对比较大。在陌生人接近的条件下，婴儿产生了消极情绪（如厌恶的面部表情），与此相联系的是婴儿大脑右额叶处的脑电活动性相对比较大。

随后，他们又实验了让婴儿处于悲伤、厌恶、高兴和生气等情绪状态，记录他们的脑电图。结果发现当婴儿在悲伤和厌恶情绪状态下，大脑右半球脑电活动性高；当婴儿在高兴时，大脑左半球脑电活动性高。

实验证明了儿童的左右脑对情绪的反应是不一样的，也就是说人的左脑和右脑具有不同的功能，单侧化是很明显的，是从小就有的。

实验二：为了了解大脑单侧化的发展趋势，加拿大麦吉尔大学的恩图斯以声音为实验材料，进行了研究。参加测试的是 48 名平均年龄在三个月左右的婴儿，当给婴儿的两只耳朵呈现相冲突的声音，并只改变其中之一时，婴儿将只对优势耳所听到的变化做出反应。在实验中，给婴儿呈现的言语声音有“ma”“ba”和“da”，非言语声音是录的乐器声。实验结果发现有 79％的婴儿表现出右耳（左脑）在言语方面的优势，有 71％的婴儿表现出左耳（右脑）在音乐方面的优势。

这样的实验后来又被其他心理学家在 3～9 岁和 5～13 岁的孩子身上测试，实验结果表明：左脑觉察言语和右脑觉察音乐的倾向基本上是天生的。这进一步说明了大脑左右半球的功能不同。实验结果还发现：每个年龄组的孩子都表现出了右耳优势，即大脑左半球的优势。

实验三：为了探讨男孩和女孩大脑发育的单侧化和专门化，加拿大麦克马斯特大学教授威特尔森选择了 200 名智力、身体发育正常且惯用右手的孩子作为被试对象。她将这些孩子分成 25 个组，每组内 6～13 岁孩子都间隔 2 岁，要求孩子们分别用左右手同时摸两个形状不同、眼睛看不到的模型 10 秒钟，然后挑出正确的形状，每个孩子测试 10 次。结果发现：男孩左手的得分比右手高，而女孩则无左右手之别。

这个实验表明：男孩和女孩的左右脑是有区别的。威特尔森教授认为，男孩处理空间信息的右脑半球在 6 岁左右就已经比较专门化了，而女孩的这种专门化要到青春期才出现。

研究大脑左右脑分工是为了开发大脑的潜在能力，大脑具有非常巨大的潜能，一些研究认为，人脑资源没有被充分利用，主要是对右脑功能的开发不够。国内外专家已经进行了许多工作，并且取得了不少成绩，目前开发大脑有以下几种方法：

1. 运动肢体法

打字：打字的时候，左右手的十个手指都要紧张而协调地击键。由于手指动作的协调是由大脑左右半球协调工作的结果，所以手指配合练习的同时，大脑左右半球也得到了协调。并且在打字的时候，那些平时较少使用的手指也都获得了活动的机会，弥补了以往手指灵活性、协调性的不足，也使十个手指的相应脑区建立了联系，得到了协调。

乐器练习：无论是弹奏乐器、吹奏乐器还是打击乐器的演奏，都需要左右手的高度协调。比如弹钢琴，左右手要很协调地弹奏，才能弹出好听的旋律；又如吹笛子，左右手要协调才能发出不同的音符；拉小提琴时，右手紧张地拉着琴弦，控制着乐曲的快慢和节奏，左手则要灵巧地控制不同的音符和音的高低。弹奏乐器的过程，既能锻炼手指的灵活性和相互间的配合，也能协调大脑左右半球合作。

体育运动法：有个实验是这样的，以学习好但不爱运动的学生和学习不好但爱运动的学生为被试对象，采用左右耳分听呈现听力题，观察学生计算结果的正确率。结果发现：训练前，两种学生右耳听力题的正确率高于左耳，爱运动的学生左耳分听正确率高于不爱运动的学生。训练后，爱运动的学生听力题正确率提高幅度较大，不爱运动的学生提高幅度较小。

书法训练：香港中文大学高尚仁教授于 1986 年研究了书法对人脑左右半球功能的影响，发现用右手执笔进行书法创作时，无论是有经验的书法家还是没有书法经验的一般人，他们大脑右半球的脑电活动明显比左半球强，有经验的书法家又比没有书法经验的一般人的脑电活动强。该实验说明：书法训练对人的大脑半球功能具有明显的影响，可以对大脑潜能进行开发。

2. 脑电波法

这种方法的基本原理是：大脑进行创造性思维或产生灵感时，容易出现 α 波，因此通过一定的方法，引导大脑皮层出现 α 波，就能很好地提高大脑的工作效率。

利用脑电波诱导器，可以让脑电波同频，使左右脑的脑电波统一，并形成 α 波，使用这种仪器可以使被试者的注意力、创造力和直觉思维能力都有所增强。

3. 精神放松法

暗示法和冥想法，可以提高学生的学习效率，增强创造性思维的能力，减轻学习时的疲惫感，提供学习成绩。

总之，关于大脑功能的研究，已经成为现代科学最深奥的课题，特别是将计算机技术与人脑的思维结合起来的现代人工智能，终将会改变我们的生活，让我们拭目以待吧。

第三章 儿童感知与运动的发展

动作和动作技能的掌握对幼儿心理发展有着重要意义。它可以帮助幼儿学会独立活动，提高认识世界的能力。影响幼儿动作发展的因素有：幼儿生理成熟、认知、语言和教育训练的作用。其中，幼儿认知能力是幼儿动作发展的基础。认知心理学家强调动作的学习必须有感知、记忆、思维等认知成分的参与。他们认为，在动作学习中，学习者必须理解与某些动作有关的知识和作用，以形成目标期望，并把自己的动作反应与示范者的标准反应进行比较分析，找出误差，采取对策监控、调节自己的动作反应。

婴儿喜欢看什么
——婴儿的视觉偏好

长久以来，婴儿知觉无能的假设一直主导着人们对婴儿知觉能力的认识，这出于三个方面的原因：

其一，婴儿非常缺乏运动技能，由此人们自然而然地认为他们在知觉方面也同样“无能”。其二，相关的研究发现，知觉技能随着年龄的增长而发展，而婴儿在大多数实验任务中的表现很差，由此很容易推断出婴儿的知觉能力一定很差。其三，传统的哲学和心理学认为，人类出生时所具有的能力极少，而是经过年复一年的经验积累才能构建这样的能力。

想做相关的实验有一定的困难：首先婴儿被试对象的选取存在困难；其次婴儿既不会用言语来报告自己的知觉活动，也不能以熟练的行为做出反应，更不会理解实验者的言语；而且刚出生的婴儿总是处于睡眠中，实验稍复杂或时间稍长就无法顺利进行。

通过长期观察和研究，科学家们发现：新生儿的视线是模糊的，事物在他们眼里只有一个模糊的影像，直到7～8个月，婴儿个体的视觉才能和成人相当。那么在婴儿的视力还未发展成熟的时候，是否需要给婴儿提供一些视觉刺激呢？如果需要，应该提供给婴儿一些什么样的视觉刺激？他们对这些视觉刺激又是否存在选择偏好？这些疑问都需要通过进一步的观察和研究才能解答。

自20世纪60年代起，范兹及其他心理学家设计了许多精巧的方法，用于评估婴儿的感知能力和倾向，由此婴儿感知逐渐成为儿童认知发展领域的研究热点之一。这些研究发现：与心理学家一度所持的观点不同，婴儿在很早的时候就已经表现出不少知觉能力。

婴儿躺在一个观察箱里，实验者给婴儿同时呈现一个面部图案——一个含有混杂面部特征的似面部刺激图案。实验者在观察箱上方进行观察，并记录婴儿注视每个视觉图案的时间。如果婴儿看某一个图案的时间比其他图案长，就认为他更喜欢该图案。结果发现:婴儿喜欢看规则的、整体的脸谱,而不喜欢看面孔特征随便排列的那张面孔。因此罗伯特·范兹认为婴儿天生就有认识自己同类面孔的能力。后来很多专家参照罗伯特·范兹的实验方法对婴儿的视觉偏好进行了更深层次的研究,结果均证明婴儿有辨别人脸的能力。1995 年,科学家做了一个实验:他将一个四天大的婴儿放在一个椅子上,让他面对一个灰色的屏幕,屏幕上边有两个窗口。实验开始时,母亲的面孔和陌生人的面孔分别出现在这两个窗口,两人的面孔保持中性表情,不能移动和讲话。其中,陌生人的面孔与母亲的面孔大致相仿。经过两次实验后,实验者发现,婴儿看母亲面孔的时间是看陌生人面孔时间的两倍。

接着范兹又对实验做了改进:一是给婴儿看的材料更丰富,包括在硬装和复杂程度上都有所不同的成对的图片。这些图片有:线条图和靶心图、棋盘图和正方形图、交叉十字和圆形等。二是实验的年龄更小,有的出生五天就成了实验对象。通过对数百名婴儿的实验研究,范兹发现:婴儿喜欢看带有环形和条纹的图形,其数量超过不着色的图形。相对于那些简单的、直线的、内容贫乏的图形,婴儿更喜欢那些复杂的、曲线的、有丰富内容的图形。(图 3－1)

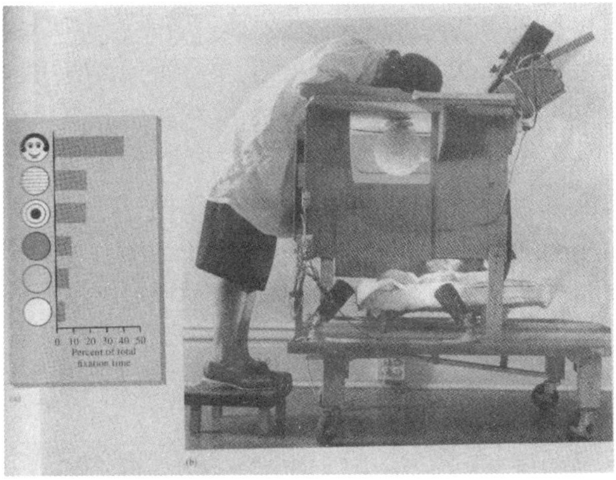

图 3－1

结果表明:婴儿对图片的注视时间有显著的差异,对人脸的注视时间最长,达到了 40 秒。在成对出现的图片中,婴儿注视线条图和靶心图的时间最长,而对出现的相对简单的图片注视时间较短,说明婴儿对图形已经具备分辨能力,并且喜欢复杂的图片,特别是对人脸图片具有偏爱。

罗伯特·范兹的视觉偏好实验在儿童心理学研究中非常重要,它对后来的研究产生了很大影响。后来很多专家参照罗伯特·范兹的实验方法对婴儿的视觉偏好进行了更深层次的研究,结果均证明了范兹的结论。因此教育者提出在孩子的成长阶段,给孩子提供适当的视觉刺激有利于儿童视觉能力的发展,同时也可以刺激孩子的大脑发育。很多家长对于幼小的儿童,尤其是新生儿,都抱着孩子什么都不懂的想法,认为只要保证孩子的身体健康就行。这种想法虽有一定的道理,但也存在着很大的不足之处。在视觉能力发展的过程中,给儿童呈现一些相关的刺激,如人的正常面孔、活动的刺激物、鲜艳的颜色、明暗对比鲜明的图案等。适当变换环境刺激，多带婴儿出去走走，以满足他们对新异物体的要求。

婴儿喜欢听什么

——婴儿的听觉偏好

胎儿在母体内的生存环境是怎样的，里面是否是一片祥和宁静？有研究人员曾把一只微型的话筒经阴道插入子宫，听里面的声音。结果吃惊地发现，胎儿生活的空间竟是一派喧哗和吵闹的空间：有胎盘的血流声，母亲的肠蠕动声音、心跳声，还有母亲生活的环境中发出的各式各样的声音。胎儿在母体内能否听到来自母体内的和外界的声音呢？有人将胎儿在子宫内能听到的母亲的心音和血液流动声用录音机录下来，让刚出生的婴儿听，婴儿会感到安心而停止哭泣。后来，他制作了装有能够发生这种声音装置的小布羊和唱片，把这种小布羊放在正在哭泣的婴儿枕边进行实验时，婴儿立即停止哭泣而安然入睡。这说明婴儿在母体子宫内就有了听觉和听觉记忆。

有人首先让母亲向出生 3 天的婴儿搭话，婴儿听后双手积极地活动起来，接着由护士向婴儿搭话，婴儿的反应不太大。然后给婴儿放录音，录音带上记录了母亲和其他许多人的声音，婴儿听后，手足根本不活动，反而变得不高兴起来，把头转向另一边。医生们用摄像机把婴儿的这些动作拍摄下来，利用计算机进行分析，经研究发现婴儿对不同的搭话人的表现反应是有差别的，对母亲的搭话，明显地和对别人的搭话不同。

1982 年，委内瑞拉首都加拉加期国立产院也进行了实验。实验时，让刚出生 1 天的婴儿躺在中间床上，母亲和护士分别坐在床的两侧，两人都同时向婴儿搭话，每次搭话时，婴儿总是把头慢慢地转向母亲的一侧。产院为了方便观察，要求母亲用小声而护士用大声进行呼唤，结果婴儿的头仍是转向母亲的一侧。这个实验证明婴儿在胎儿期就有记忆力，出生后一两天内就可以对母亲的声音表现出具有再认的能力。

在验证婴儿的听觉能力和听觉记忆中有一个著名的实验，就是美国北卡罗里纳大学的德卡斯伯进行的胎儿有记忆的实验。

在实验过程中，德卡斯伯请来 16 名离预产期还差 6 周的孕妇，并为她们指定三本儿童书籍中的一本(这三本书中，其中一本为赛斯博士的“帽中的猫”，因此这个实验也叫“帽中的猫”实验)。每天两次大声对胎儿诵读《帽中的猫》这本故事书，并把它录下来。当这些胎儿出生两天后，为他们设计一项实验，让新生儿吸一个奶嘴，奶嘴经过特殊的处理，与一个记录机相连。首先记录下婴儿的基线吸吮频率，然后给婴儿带上一个减少了音量的耳机。如果婴儿的吸吮频率提高到某一预先设定的水平，就给予一个特定的声音刺激，这些刺激包括母亲朗读“帽中的猫”，或者是参加研究的其他母亲朗读这个故事的声音，还有就是母亲和其他人朗读的另两个故事。

实验说明，即使是很小的婴儿都以更有力、更快的频率来回应这个胎儿期听到的故事，甚至是来自陌生的其他妈妈的声音。这个实验有力的说明：婴儿在母体内就能够听到外界的声音，并且记住了这个声音。

婴儿的听觉研究包括声音的检测(婴儿听到了什么)、辨别(婴儿能不能分辨声音)和声音的定位研究(婴儿对声音的空间定位能力)。而"帽中的猫"实验主要是对婴儿语音知觉能力的研究。这个实验所得到的结论对儿童教育产生了重大的影响。

适时对胎儿进行胎教,实验证明胎儿在5个月时就具有了听觉能力,这时可选用一些优美舒缓的音乐,也可为胎儿取个小名,经常呼唤他的名字,并与他进行交流,这样不仅可以增进感情的交流,还可以让孩子在出生后更加亲近父母。

营造一个有声的家庭环境,这样可以促进孩子听觉的发育,作为孩子熟悉的父母,应该在他们出生后多亲近他们,经常让其听到母亲的说话声、心跳声,这样孩子会感到非常的安全。

你会掉下悬崖吗
——儿童的空间知觉

你见过张家界的玻璃栈道吗?当你面对几百米以下的地面景物的时候,你会有什么样的反应呢?你肯定会感到战战兢兢、心惊肉跳。

那么我们的儿童呢,当他们面对悬崖的时候会怎么做呢?有人研究了爬行中的婴儿,看他们怎么面对危险的斜坡,同时她还在婴儿的身上加了两公斤的重量,之后就开始让婴儿接受挑战,母亲在斜坡的另一端诱导婴儿,在看到母亲后,婴儿对斜坡进行了目测,并小心地用手掌来测试斜坡。研究者发现:婴儿可以准确地测量出斜坡的安全程度,如果他们觉得斜坡太陡,会调整爬行方式,甚至是倒退下坡。他们不但可以决定如何爬行,而且还知道哪些地方可以爬,哪些地方不该爬,如果太陡的话,婴儿根本就不去爬。

这种恐惧是深度知觉造成的。深度知觉就是对立体物体或两个物体前后相对距离的知觉。它能够了解环境中各种物体的排列位置,从而引导人的运动。人类深度知觉能力是天生的吗?有人认为深度知觉和避免从高处跌落的能力是自动生成的,是我们生理机制的一部分,而不是经验的产物。经验主义者持相反的观点,认为这种能力是在学习中得到的。为弄清这个问题,美国儿童心理学家吉布森和沃克发明了"视崖"装置。他们把婴儿或小动物放在视崖上,观察他们是否能知觉这种悬崖并进行躲避。这就是有名的"视崖"实验。

视崖装置的组成:一张1.2米高的桌子,顶部是一块透明的厚玻璃,桌子的一半(浅滩)是用红白格图案组成的结实桌面,另一半是同样的图案,但画在桌子下面的地板上(深渊)。在浅滩边上,图案垂直降到地面,虽然从上面看是直落到地的,但实际上有玻璃贯穿整个桌面。在浅滩和深渊的中间是一块0.3米宽的中间板。使用这种装置对婴儿施测的过程十分简单。

这项研究的被试对象是36名年龄在6～14个月的婴儿。这些婴儿的母亲也参加了实验。每个婴儿都被放在视崖的中间板上,先让母亲在深的一侧呼唤自己的孩子,然后再在浅的一侧呼唤自己的孩子。

结果如下:9名婴儿拒绝离开中间板。虽然研究者没有解释这个问题,但这可能是因为婴儿太过固执。当另外27位母亲在浅的一侧呼唤他们的孩子时,所有的孩子都爬下中央板并穿过玻璃。然而当母亲在深的一侧呼唤他们时,只有3名婴儿极为犹豫地爬过视崖的边缘。当母亲从视崖的深渊呼唤孩子时，大部分婴儿拒绝穿过视崖，他们远离母亲爬向浅的一侧；或因不能够到母亲那儿而大哭起来。婴儿已经意识到视崖深度的存在，这一点几乎是毫无疑问的。（图 3-2、图 3-3）

图 3-2

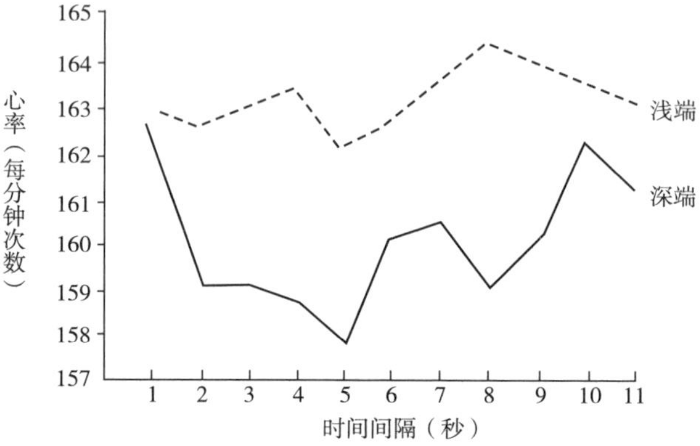

图 3-3

这些研究结果能证明：人类知觉深度的能力是天生的而不是后天获得的吗？明显不能！这是因为这项研究中所有婴儿至少已经有了 6 个月的生活经历，在这段时间内，他们可能通过尝试错误而学会了知觉深度。然而 6 个月以下的婴儿由于不具备自主运动的能力，不能接受试验。所以吉布森和沃克用各种动物作为实验参照，因为大部分非人类的动物获得自主运动的能力都比人类婴儿要早得多。这些动物包括小鸡、小海龟、小老鼠、小绵羊、小山羊、小猪、小猫和小狗。

小鸡出壳后就必须马上开始自己觅食。当研究者把出生不足 24 小时的小鸡放在视崖上接受测试时，它们从不会犯跌下深渊的错误。小山羊和小绵羊在出生后很快就可以站立、行走。从能站立的那一刻起，它们对视崖的反应和小鸡一样准确而可预测，一次错误也没有。当研究者把一只出生仅一天的小山羊放在深的一侧玻璃板上时，它变的惊恐呆滞，表现出防御性姿态。随后，如果把它推向浅的一侧，它变得轻松自在，并跳上看似坚实的表面。这说明视觉起着完全的控制作用，动物虽然能感觉到在深一侧上面有坚实的玻璃，但这种感觉没能影响它们的反应。

对小老鼠的测试结果是，它们走向两侧的概率是相等的，因为老鼠是靠嗅觉而不是靠视觉寻找食物。它们在夜间活动，因而它们靠嗅觉寻找食物，在黑暗中运动时靠鼻子上坚硬的触须感知物体。所以当一只小老鼠被放在中间地带时，它不被视崖所欺骗，因为它不是用视觉来决定走哪条路的。对小老鼠的触须而言，深测和浅测的玻璃在感觉上没有区别，所以小老鼠离开中间地带走向深测的概率与浅测相同。对小海龟的测试结果是：76％的小海龟爬向浅的一方，24％的小海龟爬向深的一方。实验者的解释是小海龟生活在水中，它们不怕摔跤。

吉布森和沃克指出，他们所有的观察结果和进化论完全一致。也就是说，所有种类的动物，如果它们要生存，就必须在能够独立行动时发展感知深度能力。对人类来说，这种能力到 6 个月左右才会出现；但是对于鸡、羊来说，这种能力几乎是一出生时（一天之内）就具备；而对于老鼠、猫和狗来说，大约在出生 4 周时出现这种能力。因此得出结论：

这种能力是天生的。因为如果通过尝试错误而获得这种能力，可能会带来过多潜在的、致命的危险。

后来有人把年龄在 2～5 个月的婴儿放在视崖深侧的玻璃上，这时他们的面孔平静，没有哭泣，并都表现出心率变慢。这种心率变慢是感兴趣的信号，而不是恐惧的信号，恐惧应伴随心率加快。这表明这些婴儿还没有习得对落差的害怕。相反，年龄稍大一些会爬行的婴儿处于这一情景式，则表现出心率加速，表明了婴儿感到明显的害怕。

以上几个实验表明：很多动物在独立生活之前就已经具备了深度知觉的能力，否则它们会有生命的危险，而且这种能力对于自主运动较早的动物来说是天生的。但对于自主运动能力形成较慢的人类来说，深度知觉的能力形成则较晚，而且和后天的经验有关。

因此，在大人的照料下，帮助婴儿经常活动，让孩子经常爬行，并帮助他们转身、攀爬，协调他们的手脚伸缩能力，鼓励他们多运动。通过这种自我移动，婴儿最终发展了“视觉—前庭”感觉，这种感觉在保持平衡方面具有根本作用（并且与跌落的恐惧有关）。此外，如果他们要去避免与其他物体发生碰撞，就要要求他们发展视觉关注技能，使他们了解与高度相关的危险。也许当他们接近楼梯或者站在椅子上的时候，从父母的反应中了解到这种恐惧。总之，要让孩子多接触外界事物，多积累感知觉方面的经验。

什么是昨天、今天和明天

——儿童的时间知觉

大家都看过赵本山和宋丹丹的小品《昨天、今天、明天》，想必你也肯定可以分清楚昨天、今天和明天，甚至还可以引申为过去、现在和将来。

那么来看看我们的小朋友对时间是怎么看的呢？有一次，我们无意中抓拍到了两个全托大班小朋友的对话：

小男孩高兴地对小女孩说：“昨天就是星期二，今天就是星期三，明天就是星期四，后天就是星期五，马上就可以回家了。”

小女孩一脸不耐烦地打断了他的话：“你不要说了，我知道。”然后她掰着手指头说：“今天是星期二，后天是星期三，明天是星期五，马上可以回家了。”

上面故事中的两个小朋友，他们知道“天”这个概念的存在，但不知道“昨天”“今天”“明天”的时间顺序或者正确用法。

其实，幼儿对时间的认知包含时间持续性（时距）、时间顺序性（时序）、年龄时间、时间媒介（钟表）等几个大的方面。由于时间的抽象性、不可逆性、相对性等特点给幼儿的认知带来了很大的困难。因为相对于空间关系的反映来说，幼儿对事物时间关系的反映，要感到更困难一些。因为，时间既没有开始，也没有结束，从无穷的过去直到无穷的将来，时间既“看不见”，也“摸不着”，更“不能和它玩”。由于时间不具备直观形象的性质，所以孩子无法对它进行感性直观了解。

国内外的很多研究者从不同的角度、采用不同的方法研究了儿童对时间的认知。皮亚杰也设计了一系列精巧、缜密的实验来测查幼儿对时间连续性的认知。

第一个非常简单的实验，用来测查幼儿对时距的估计。在这个实验中，皮亚杰使用节拍器在桌子上迅速或缓慢地拍击，并要求儿童自己估计时间，或迅速或缓慢地画 15 秒钟。实验结果显示：学前阶段的儿童常常认为迅速工作比缓慢工作耗费的时间较长。一个 4 岁的儿童坚持认为当迅速工作时，做得比较快，花费较多时间。此时儿童受拍击次数的影响，当拍击次数较多时就认为花费的时间较多。

另一个实验是这样的，给幼儿看放在桌上的两只机械蜗牛：其中一只爬得快；另一只则爬得慢。当快的蜗牛停止爬行时，慢的蜗牛尚在爬，但最终未赶上快的蜗牛。在这种情况下，儿童不能回答哪一只蜗牛先停下来的问题。大部分幼儿说慢蜗牛先停下，是因为它走的路程比较短。由此说明低龄儿童时间知觉常常受到空间距离的直接影响，尚不能把空间关系与时间关系区分开来。

在第二个实验中，皮亚杰给被试对象两个容器，其中一个为倒置的梨形玻璃容器，装有水龙头开关，下面为能注入水的筒形玻璃容器。皮亚杰事先测定好，把梨形容器中的水流注入筒形容器中所用的时间分为五等份，分别在两个容器上相应的位置用 A、B、C、D、E、F 标注。由于上面的容器是梨形的，水流时最初水平面降得很慢，而在狭窄处则降得很快，所以每个水平面在容器上的间距不同，而下面的筒形容器上的水平面之间的间距是相等的。

然后，皮亚杰问幼儿每个水平面改变的时间是相同还是不相同？实验结果显示：年幼儿童认为间距较大的水平面变化费时更多。受到玻璃容器的形状不同的影响，他们还不能理解每个时间间距都是相等的这一客观事实。

由皮亚杰的实验结果使我们可以看出：幼儿之所以不能正确判断时距，是因为他们受到了其他更为具体的直觉因素的干扰。如果减少这些因素的干扰，幼儿就能在一定条件下正确地判断时距，尽管幼儿此时的能力还十分有限。

但是在 2002 年，科伦坡和里奇曼选择了一项实验，来说明婴儿对时间的判断。实验中通过重复呈现给婴儿一系列有时间规律的事件，然后当婴儿熟悉这种事件的时候忽然改变事件呈现的时间，同时观察婴儿的反应。

实验在室内进行，实验者先给被试对象呈现灯光 2 秒，呈现黑暗 3 秒。继续呈现 2 秒的灯光，如此重复 8 次。在第 9 次的时候，灯光未按时亮起。实验者通过仪器观察被试对象的心率变化。实验者还对另一些被试对象进行了基本类似的实验处理，呈现的是 2 秒的灯光，5 秒的黑暗。结果发现两种不同的实验处理均得到了一样的实验结果，也就是第 9 次，灯光没有依据婴儿们所预期的那样亮起来的时候，他们的心率出现了降低的现象。

从实验结果中，科伦坡和里奇曼得出结论：婴儿能够对几秒的短时间进行准确估计。

这说明婴儿已经有了关于事件的持续时间的知觉，只不过这种知觉能力有限，只限于在几秒内的估计。儿童要到 5 岁才能比较准确地估计长达 30 秒的时间；直到 8～14 岁，儿童对持续时间的估计才会逐渐稳定。在现实生活中，我们可以利用一些技巧来帮助儿童掌握时间概念。

日常生活经验对幼儿时间知觉的发展起着决定性的作用，他们对时间概念的掌握和运用有先有后，主要是在他们的生活实践中，在教育的影响下逐渐形成的。与孩子日常生活经验密切相关的时间概念先掌握，相距较远的时间概念后掌握。所以我们可利用典型事件，丰富幼儿的时间经验，比如“什么是冬天呢？”“冬天就是很冷很冷，大家都穿很多衣服，是下雪的时候”；当你在忙碌时，让孩子“等一会儿”，可以变成“你从 1 数到 100 我就来了”；早上送孩子上幼儿园的时候，跟他讲“教室里钟表上最短的针指到‘5’时，爸爸就来接你回家”。

我们还可以帮助幼儿正确理解和使用时间词语。在教学或与幼儿的交流中，有意识地使用“今天”“昨晚”“等一会儿”“下个星期”等时间词语。

关于记忆
——记忆从何时开始

有些人认为，我们不可能记得 2～4 岁之前的任何事情。而另一些人则认为，我们是可以能记住那之前的事，甚至连出生之前的事情都记得。“儿童期失忆”可不好研究，因为我们很难证明成人最早的记忆是真实的还是想象的。

20 世纪 60 年代，有人设计了一个经典的实验，这个实验提供了关于婴儿记忆何时产生、如何发展的重要证据。在实验中，让 9～12 周大的婴儿舒适地躺在家中的摇篮中，向上看着一个色彩鲜艳的木头旋转风铃。在他们的脚上系一条绳子，另一端连到旋转风铃上。所以当孩子踢脚的时候，风铃就会动。如果他踢得用力，那些木头装饰就会相互撞击发出悦耳的敲击声。小孩踢得越多，他们就可以听到更多的敲击声。如果你知道巴普洛夫和他那只流哈喇子的狗，那理解这个实验应该没什么问题。这个实验就是看婴儿可不可以对踢脚让风铃旋转产生条件反射。研究者首先记录婴儿踢脚次数的基础水平（小车没有连到脚上），之后和有激动结果（风铃动了）的踢脚次数进行比较。

结果他们发现八周大的婴儿就可以掌握踢脚和风铃转动之间的关联。在 45～55 分钟之后，这种概念依然不会削减。

另一项实验中，只有 8 周的婴儿接受了为期 3 天，每天 9 分钟的旋转风铃训练。24 小时之后，只有使用相同的风铃，婴儿才会比基础水平踢得多。这说明他们记得训练他们所使用的风铃，而不是随便一个风铃。这是一个特别激动人心的发现，因为在那之前，人们认为长期记忆直到 8 或 9 个月才会出现。

还有类似的一些实验，让我们更多地了解了婴儿记忆的问题。原来，我们的记忆系统从很早起就已经工作得很好了。看来，我们的大脑确实可以在 1 岁之前就存储长期记忆了。成年后我们却很难提取这时期的记忆，是因为我们的早期记忆系统功能有限，之后又受到很多生活的干扰，最终让我们不可避免的忘记了早期信息。

关于记忆
——你一下子能记住多少

传统相声中著名的《报菜名》早已脍炙人口，也很具"贯口"的特点。相声演员一口气能说出几十个菜名，看看你能记住多少。不信，你可以试试：

蒸熊掌、蒸鹿尾儿、烧花鸭、烧雏鸡、烧子鹅、炉猪、炉鸭、酱鸡、腊肉、松花、小肚儿、酱肉、香肠、什锦酥盘儿、熏鸡白肚儿、清蒸八宝猪、江米酿鸭子、罐儿野鸡、罐儿鹌鹑、卤什件儿、卤子鹅、山鸡、兔脯……

其实结果是:我们最多记住的仅仅只有7个左右,那么我们的儿童呢,他们又能一下子记住多少呢?

1970年,帕斯夸尔·莱昂内在前人的基础上做了一个实验,他从工作记忆的角度来探讨儿童记忆容量的变化。所谓工作记忆,是指在短时记忆的过程中,把新输入的信息和记忆中原有的知识经验联系起来的记忆。它与短时记忆既有区别又有联系,短时记忆是相对于长时记忆而言,是一种记忆系统,是指在初次接受信息后(没有机会进行重复练习)能保持20秒左右,不超过1分钟的记忆。而工作记忆从属于短时记忆,它就像一个工作平台,从长时记忆中提取信息,放入短时记忆中进行加工处理。在实验之前,莱昂内提出了关于M空间的理论,他认为儿童工作记忆中持有信息的能力随着年龄增长而增长。他把这种短时记忆中持有信息的能力叫作M空间。

为了验证自己关于M空间的假设,莱昂内选取了不同年龄阶段的儿童进行试验。实验中,他要求被试对象学习对不同的视觉刺激做出不同的动作反应,如看到红色就拍手,看到大杯子就张嘴。通过一定的学习训练,儿童学会了这种简单联想,学习完成后,实验者向被试对象呈现两种或两种以上的刺激,要求被试对象按照所给的刺激做出适当的反应。实验中,实验者通过正确反应数来确定他们在M空间综合利用图式的最大数量。

随着儿童年龄的增长,他们正确完成的动作数也在增加,而能正确完成的动作数随儿童年龄的增长而增加。3岁儿童在一个时间只能处理1个信息单位,5岁儿童能处理7个信息单位。这证明了莱昂内关于M空间的假设。

他认为:儿童工作记忆的发展和对信息处理的单位增多,可以使短时记忆的容量增大。

关于儿童短时记忆容量的发展研究,国内也做了不少。1986年,我国心理学者钱含芬选取小学一年级、三年级和五年级的学生各30名,男女各半,对他们的记忆容量进行了实验研究。她采用韦克斯勒儿童智力量表中的背数分测验,以试题通过的最高位数作为短时数字记忆的广度。结果表明:小学儿童的记忆广度也是随着年龄的增长而增长的,且7~9岁年龄段是儿童短时记忆发展的迅速时期。

短时记忆的容量有限,研究表明:成人短时记忆容量为7±2个信息单位(组块),而7岁前儿童尚未达到这一标准。儿童从3岁到7岁各年龄阶段的短时记忆广度均数分别为3.91、5.14、5.69、6.09、6.10个组块(洪德厚,1984)。一个单位可以是一个数字、字母、音节,也可以是一个单词,一个短语或句子,单元的大小随个人的经验组织而有所不同,在记忆过程中,我们可以通过组块的方式来增加记忆容量。

作为老师,可以通过丰富孩子已有的知识经验,来帮助孩子把新旧知识发生联系,从而提高孩子的记忆容量。

通过上述实验,我们可以得出,儿童的记忆容量是随着年龄的增长而增加的,年龄越小,记忆容量越少,能记住的东西就越少。因此,我们在给孩子分配记忆任务的时候,一定要适量,过多和过高的记忆材料是孩子所无法达到的,这样不但收不到良好的效果,而且还会挫伤孩子学习的积极性,使孩子产生抵触心理。

关于记忆
——什么材料更容易记住

有的老师或者家长有这样的困惑：自己交给孩子的一首古诗，孩子半天都记不住，而那些动画片里的人物、儿歌却能很快地记住。这是怎么回事呢？原来，这涉及有意记忆和无意记忆的问题。有意记忆是指有目的、有计划、需要按照一定的步骤，经过意志努力才能进行的识记。无意记忆是指事先没有确定目的，没有经过努力就能将有趣的内容，自然而然地记住的记忆方式。

苏联心理学家陈千科在 1954 年做了这样一个实验：他给儿童在实验桌上画了一些假设的厨房、花园、睡眠室等，要求儿童用图片在桌上做游戏，把图片放在实验桌相应的位置上。图片共 15 张，内容都是儿童熟悉的东西，如水壶、苹果、狗等。游戏结束后，要求儿童回忆所玩过的东西，测查其无意识记的效果。另外，在同样实验条件下，要求儿童进行有意识记，记住 15 张图片的内容。

结果表明：儿童中期和晚期的记忆效果都是无意识记优于有意识记。3 岁儿童并未真正接受识记任务。到了小学阶段，有意识记才赶上无意识记并逐渐超过无意识记。

但是这个实验结果在后来受到了挑战。

1980 年，我国天津幼师组也进行了和陈千科类似的实验，得到的结果却与陈千科的结果不同。他们认为两种记忆水平都是随着年龄的增长而提高的，有意记忆的效果优于无意记忆的效果。这两种不同的效果引起了心理学家们的争论，经过仔细研究后，学者们得出了这样的解释，这可能与儿童的活动动机和参与识记活动的感觉通道的数量有关。在陈千科的实验中，无意识记是通过游戏方式进行的，儿童在游戏中不仅看到图片，还亲自动手将图片放入相应的位置。这种游戏动机和多感觉通道的参与以及图片与假设场景间意义联系的建立，都对无意识记的效果具有促进作用。这说明：儿童的活动动机变强，参与识记活动的感觉通道越多，他们的记忆效果就越好。

虽然这两个结果不一样，但我们从中仍能得到对教育的启示：儿童初期无意识记占优势，让记忆服从于一定目的还有困难。符合儿童兴趣需要的、能激起强烈情绪体验的事物，记忆效果较好；直观、具体、生动、形象和鲜明的事物，记忆效果较好；要记的东西能成为儿童有目的活动的对象或活动的结果，即让儿童摸摸、动动等，记忆效果较好；与儿童活动的动机、任务相联系的对象，记忆效果较好。在教育影响下，儿童晚期的有意识记和追忆的能力才逐步发展起来。有意识记最初是被动的，记忆的目标通常是由成人提出的，而后儿童才能主动确定目标，进行记忆。有意识记的出现标志着儿童记忆发展上的一个质变。

我们根据儿童的记忆特点，可以通过游戏的方式来进行无意记忆的效果优于有意记忆的效果。其原因在于儿童特别是 3 岁以下儿童还无法接受记忆任务，但是在游戏的过程中，儿童的记忆动机变强，而且有多通道的参与，儿童可以通过动手来无意记住图片的内容。因此，儿童对活动越感兴趣，就越能记住学习的内容。在教学的过程中，只要我们带着学习的目的，精心的设计游戏活动，将记忆和学习寓于游戏之中，学习和记忆将是一件快乐的事情，这样的记忆会优于目的性单一枯燥的有意记忆效果。

关于记忆

——记忆有方法吗

记忆策略是人们为有效地完成记忆任务而采用的方法和手段。儿童记忆策略的研究，是许多信息加工心理学家的兴趣所在，记忆策略涉及多种多样意识活动，人们可随意把它们用作达到各种记忆目的的手段。比如我们经常用到的复述、记笔记、在文献的重要词句下划线、在日历上记下某个重要日期、把相同材料归类，这些都是记忆策略的运用。

对于儿童来说，他们是否会这些策略，他们的策略是怎样发展起来的，心理学家做了许多实验。

1975 年，威尔曼等人进行了一项关于儿童记忆策略的实验，实验被试对象是 2～3 岁的儿童。实验时，实验者首先在儿童面前放着若干个倒置的杯子，然后当着儿童的面把一个玩具小狗藏在其中的一个杯子下面。接着，实验者要求儿童在他们暂时离开实验室时，帮忙记住哪个杯子下面盖着小狗，最后实验者离开，躲在隐藏处观察儿童的行为反应。

实验者观察到 2 岁小孩不能接受任务，没有进行策略活动。3 岁儿童已经会运用记忆策略帮助自己完成记忆任务，他们一直高兴地注视着藏小狗的杯子，看着那个盖着玩具小狗的杯子时，对着它点头说“有”，看着其他杯子时，则摇头说“没有”，或者把手放在那个藏了玩具小狗的杯子上。

在寻找隐藏的物体时，2 岁的儿童还不会使用记忆策略，3 岁的儿童就已经会使用策略帮助自己完成记忆任务了。

其实在这个实验之前，已经有心理学家做了关于儿童记忆策略的实验研究。他们认为儿童在 5 岁之前都不会运用记忆策略，但是威尔曼等人选用的实验被试对象的年龄几乎都在 5 岁以下。因此，威尔曼等人的研究非常有意义，他们把儿童会记忆策略的时间提早到了 3 岁，这也为儿童的教育提供了依据。

一、关于儿童复述策略的发展

复述是儿童对记忆材料的不断重复来增加记忆水平的方法。它是一种常见的记忆策略。

美国发展心理学家弗拉韦尔等人在 1966 年曾进行过儿童复述策略的研究。他选择了幼儿园和小学的 5、7、10 岁的被试对象各 10 人，实验时，先给被试对象随机呈现 7 张图片，在每张图片上呈现一个物体，实验者依次指出 3 张图片让儿童记住。然后告诉儿童，15 秒后，会让他们从 7 张图片中指出要求被识记的那 3 张图片。在给儿童识记完图片后，实验者给被试对象带上盔形帽，用帽舌遮住儿童的眼睛，这样儿童看不见图片，实验者却能观察到儿童的唇动，以唇动的次数作为复述的指标。

实验结果显示：20 个 5 岁儿童中只有 2 个（10%）显示复述行为，7 岁儿童中 60%有复述行为，10 岁儿童中 85%有复述行为。在每一年龄组中，采用自发复述策略的儿童的记忆效果优于不进行复述的儿童。

二、关于儿童系统化策略的研究

在 1969 年，弗拉韦尔等人又进行过儿童系统化策略的研究。他们以 5～11 岁儿童为被试对象，刺激物为四类图片：动物、家具、交通工具和衣服。图片在桌上被摆成圆形，两两相邻的图片都属于不同的类别。要求儿童先学习它们，并告诉他们过一会儿要记住这些图片，期间可以进行任何有助于记住这些图片的活动。然后，实验者找个借口离开，躲在隐藏处观察儿童的反应。

实验结果发现：10、11 岁的儿童基本上能自发应用归类策略以提高记忆效果，而其他年龄儿童则不能。但经过短暂的归类训练，年幼儿童也能达到 10、11 岁儿童自发归类水平。

通过以上实验，我们可以得出结论：儿童在 5 岁时可以使用复述策略，而且儿童对这种记忆策略的掌握随着年龄的增长而增加。儿童在 10、11 岁时可以自发的使用系统化策略，但是经过相关训练，甚至年龄较小的孩子也能够掌握这种记忆策略。

在生活中，父母应该认识到孩子的记忆能力，不能像成人一样，能有意识地运用各种记忆策略来提高记忆水平。因此不能对儿童提出过高、过量的记忆要求，这样不但会挫伤孩子的自信心，而且对孩子的发展会造成不良的影响。

通过实验我们也可以得知，对孩子进行适当的训练，可以促进其对记忆策略的掌握和使用，提高记忆效果。因此，家长和老师在儿童学习的时候，提示孩子可以运用诸如复述、归类、提示线索等方式来帮助记忆，从而促进孩子的学习。

三、关于儿童元记忆研究

元记忆就是关于记忆过程的知识或认知活动。弗拉维尔认为，关于记忆的元认知主要包括三方面的内容：(1)有关记忆主体方面的知识；(2)有关记忆任务方面的知识；(3)有关记忆策略方面的知识。例如，儿童认识到他们所能记住的东西是有限的，有些事情更容易记忆，或者有些特定策略能更有效地帮助自己记忆，这些都是元记忆的表现。

在心理学上，关于元记忆的研究非常多，因为儿童关于记忆活动的认识将会在很大程度上影响他们的记忆。

1970 年，弗拉维尔进行了这样一个实验：要求儿童对自己记忆的广度进行预言。在实验中，弗拉维尔给被试对象呈现 10 张印有图片的卡片，然后问他们能够记住几张，是否能够全部记住。

结果，大多数 4 岁儿童认为可以全部记住图片，而在 8 岁儿童中，只有较少的一部分认为自己能够记住全部图片。实验继续进行，实验者在不限定时间的条件下，让儿童识记这套卡片，要求他们完全识记后向实验者报告。

结果 4 岁儿童很快就像实验者宣布他们已经全部识记完，但当实验者对儿童的识记效果进行验证时，却发现他们只记住很少的几张图片。8 岁儿童他们花较多的时间去识记所有的图片，在较长的时间后才向实验者报告自己已经识记完成。相对于 4 岁儿童，8 岁儿童对自己记忆能力的评价要比 4 岁儿童客观得多。

关于元记忆，儿童并不是一无所有的。有关研究表明：儿童已表现出一定的元记忆的能力，有研究者通过访谈法，以研究儿童对自己记忆的了解程度。结果表明：即使是三四岁的儿童也知道人的思维是有限的，而且有些信息更容易学习和保存。例如，学前儿童认识到记忆较多的项目比记忆较少的项目要困难，而且对材料学习的时间越长，保留的内容就可能越多。但是他们通常会高估自己的记忆能力，而且对遗忘也不甚了解，他们认为在短期内能回忆的东西(如电话号码)经过很长一段时间以后也会回忆起来，而且回忆的难易程度与前面是相同的。因此，学前儿童把他们所保存的信息看成是现实的“心理拷贝”，它们被存放在头脑之中，在任何时候，只要需要就可以很容易把它们拿出来使用。

4～12 岁的儿童关于记忆的知识显著增长，如很多 5 岁左右的儿童已经知道，像电话号码这样的信息如果不写下来，很快就会遗忘。这表明他们知道外部的线索有助于记忆。但儿童关于记忆策略的知识增长是一个逐步发展的过程。儿童在 7 岁之前还不知道复述、组织化等记忆策略能帮助他们记忆。而且，即使他们知道相互关联的项目比不相关的项目更容易记忆，但还不知道这是为什么。7～9 岁的儿童能够认识复述和分类策略比仅仅观察项目更有效，但是直到 11 岁或更大的时候，儿童才能知道组织化策略比复述策略更有效。例如弗拉韦尔等人(1975)研究发现：5 岁儿童已经知道记住一个短的词要比记住一个长的词容易，记住昨天发生的事比记住上个月发生的事容易，记住熟悉的事比记住生疏的事容易，这反映出儿童已经具备了一定的元记忆知识。

第四章　儿童思维和语言的发展

思维是头脑对客观事物的概括的、间接的反映。思维有两个突出的特点：一是概括性。思维所反映的是一类事物的共性和事物之间的普遍联系；二是间接性。思维是通过已有的知识经验来理解和认识一些没有被直接感知的事物及其关系的过程。

典型的人类思维是以语言为工具的抽象逻辑思维。儿童最初对世界的认识是通过感知觉，从生动的直观到抽象的思维必然要经历若干发展的层次。这些层次尽管还不能称为完全意义上的思维（抽象逻辑思维），但它们毕竟已不同程度地具备了思维的最重要的品质——对现实概括的、间接的反映。所以从这个意义上，我们完全可以把这些层次置于一个广义的思维范畴之内，而称其为“直觉行动思维”“具体形象思维”等。儿童的思维与言语真正发生的时间相同，即 2 岁左右。2 岁以前，是思维发生的准备时期。出现最初用语词的概括，是儿童思维发生的标志。

童言童语

——儿童的语言发展

据说世界上目前有几千种语言，我们用得比较多的有汉语、英语、日语、德语、西班牙语等。语言是一种复杂且有系统的符号，成人要想掌握一门自己完全没有接触过的外语，需要花很大的工夫去学习。那么对于刚出生的婴儿呢？他们学习语言难不难，他们学会一门语言要花多长时间？他们是从什么时候开始学习语言的呢？

这些都是家长和研究儿童心理与发展的心理学家非常关心的问题。

彼得·埃玛斯是美国布朗大学教授，他对婴儿的语言学习很感兴趣。他和同事们进行了一个很经典的实验。

在实验之前，心理学家并不确定婴儿什么时候能够区分音素。

埃马斯和同事们的实验对象是 1～4 个月的婴儿，目的是测试他们能不能区分“b”音和“p”音。要知道这两个音之间只有 10 毫秒的区别，区别的难度可想而知。要能够听到这么细微的区别，婴儿的耳朵必须非常灵敏。

埃马斯和同事们设计了一个非常巧妙的方法，探测婴儿是否注意到从一个音变成另一个音。他们让婴儿叼着一个假的乳头，用来测量婴儿吸吮的频率。他们的想法是，吸吮频率可以反应婴儿对于周围发生的事多感兴趣。他们越感兴趣，吸吮的频率就越高。

在实验中，婴儿重复听到“b”这个音。最开始婴儿觉得这个音挺有趣，所以他们吸吮的速度也比较快。过了一会,他们觉得无聊,吸吮的速度也就降低了。而当他们觉得无聊的时候,声音变成了“p”,这时候婴儿的吸吮频率又出现了变化,吸吮速度变快。

这个实验的关键是:在有些实验场景中,会变成“P”,而另一些场景中一直是“b”音。实验者通过吸吮频率的变化,来证明婴儿有没有注意这个变化,以此说明他们能否区分“b”和“p”音之间微小的差别。

埃马斯和同事们发现,一个月的婴儿都能区分出“b”音和“p”音的区别。像这样的发现还有很多,很多心理学家根据这些发现认为,婴儿天生就有能力区分那些只有细微差别的声音,而这个能力正是语言学习的基础。

研究还发现11个月以前的婴儿,他们可以熟练分辨所有不同语言中可能出现的音素。不过11个月以后,婴儿基本确定了自己的第一语言,只要能分辨母语中的音素就够用了,因此渐渐地丧失了分辨其他语言因素的能力。婴儿开始专门学习一种语言。随后,又有很多的心理学家进行了此类的研究,他们也得出了同样的结果。

那么儿童的言语发展是怎样的过程呢?有许多语言学家认为,在婴儿开口说话之前,有一个较长时间的前言语阶段,卡普兰又把这个阶段划分为四个小阶段:

第一阶段是哭叫。这被认为是最初的发音,他们通过啼哭不停地与大人传达讯息,他们用哭、笑或简单的肢体动作来“说话”,虽然他们无法说得很清楚,但我们明白他们的意思,因为通过简单的讯息,他们已经“说”了一切。

第二阶段是叽叽咕咕。在婴儿出生一个月后,语音开始分化。

第三阶段是咿呀学语。半岁之后婴儿能发出第一批重复性连续音节。他们开始模仿着发声,“咿咿呀呀”听起来越来越像“爸爸”“妈妈”等词语的发音,这是宝宝们向开口说话迈出的一大步。

第四阶段是标准化语言。一般在1岁左右,婴儿开始发出真正意义上的语言。

孩子从出生到掌握语言,一般需要3～4年的时间,而语言发育的关键期是2～4岁。专家认为,9个月到2岁是理解语言的关键期,2岁到4岁是表达语言的发育关键期。此时学习语言效果最佳,而且获得的语言习惯最容易长期保持下去。

那么问题来了,孩子是怎样获得语言的呢?

不同的心理学家有着不同的观点:有的认为儿童是通过模仿成人的语言而获得了语言;有的认为个体天生就具有语言能力,认为人类先天就有一种“语言获得装置”,可以创造出句子,使儿童获得语言。

1965年,卡茨顿为了研究“模仿”对儿童的语言获得的作用,做了一个实验。首先,她在日托中心找到了她的实验对象:12个3.5岁以下的黑人儿童。其次,她根据所选儿童的年龄和语言水平,把他们平均分成了4组,每组3人。最后,她对每组的3个被试对象分别进行了3种不同的实验处理,将他们分别放在3种不同的实验条件下。

第一种实验条件称为扩展条件。处于该条件下的被试对象每天要接受实验者安排的40分钟的强化扩展训练,即成人将儿童的话进行扩展与强化。比如,当儿童说“that cat”时,成人就说:“Yes,that is a cat.”对儿童说的话进行补充,使意义变得更加明确。

第二种条件是模仿条件。接受这种实验处理的被试对象每天要与成人进行40分钟的自然对话。在对话过程中,成人以语法完善的成人句子与儿童对话。

第三种条件是控制条件。实验者安排这一水平的被试对象主要是为了与前两组被试对象进行对比。因此,这一水平的被试对象不接受任何训练,只需要待在实验的房间里,熟悉实验房间的情况。

实验共进行了 3 个月,实验者在实验进行的过程中对儿童的语言进行了录音,并将录音复制下来。最后,实验者根据被试对象语言中句子的平均长度、动词的复杂性以及重复句子的能力等 6 种语言发展尺度,对儿童的语言进行了整理与统计分析。

结果发现:处于扩展条件与控制条件儿童的语言水平在本质上并没有改善,而处于模仿条件下的儿童语言能力在语法水平上有显著提高。

从卡茨顿的实验结果中可以得出以下这样一个结论:模仿可以促进儿童对语言的获得。

这个实验之后,国内的学者也以同样的研究模式,对儿童语言的获得进行了相关的研究。

从 1979 年开始,北京大学心理学系教授徐政援,就开始用实验对儿童的语言获得能力进行研究。

她选择的被试对象是 11～14 个月大的婴儿及其父母,实验的内容是让婴儿与自己的父母进行语言活动。其中,父母与儿童进行语言活动的共有 4 种:示范、强化、扩展和激励。

然后,徐政援对每组被试对象进行跟踪观察,并且对儿童的语言进行记录。结果发现:被试对象获得的词语与父母所用的词语的符合率高达 80%。

从国内的后续研究中我们可以得出结论,儿童在 11～14 个月大时,言语词汇的获得绝大部分来自于对成人的模仿。这证实了模仿在语言获得中的重要地位,支持了语言模仿论。不过在徐政援的进一步跟踪研究中发现,儿童到 14 个月时,这种词汇的符合率下降到 38.5%。心理学家对此的解释是,儿童随着语言能力的提高,可以从更多的途径获得词汇。

卡兹顿和许政援的研究结果都支持了模仿理论,许政援根据自己的研究结果提出了以下结论:

(1)11～14 个月婴儿言语获得的主要来源是模仿。语法规则只能从与人交往、与环境相互作用中获得。她认为先天的普遍语法和先天的语言获得装置是不存在的。

(2)机械的模仿理论是片面的。婴儿并不是教什么就学什么。婴儿的发音能力和经验水平,决定了他并不能对教给他的语词作全部模仿。婴儿语言是经过有选择的模仿并经过概括而形成的。

也许孩子生来就具有学习语言的能力,但是这种学习是需要环境刺激引发的。儿童与环境中的他人互动是儿童获得语言的重要因素,在最初的互动中,模仿起了非常重要的作用。

儿童是善于模仿的。从母语学习的规律来看,儿童语言能力的发展是从模仿开始的:健全儿童的语言获得经历了由听到说、由简单到复杂的过程。具体说就是“咿呀”学语、单词句、简单句、复合句的过程。在这个过程中,简单句是关键。儿童正是在听中模仿,在模仿中将成人复杂的句子进行简单化,成为自己能够理解和运用的句子。简言之,儿童要经历一个“听—理解—模仿—表达”的过程。

模仿学习语言是一种十分重要的能力。儿童的年龄越小,模仿的痕迹越明显,然而随着年龄的增长,模仿的痕迹会越来越少,他们有了语言创造能力后,会逐渐形成个性化的语言。因此,模仿是语言学习和创造的开始,我们必须十分重视儿童语言的发展和培养。

1. 为儿童创造交往和活动的机会

语言本身是在交往中产生和发展的。儿童只有在广泛交往中，感到有许多知识、经验、情感、愿望等需要说出来的时候，语言活动才会积极起来。据调查，聋哑人的孩子生活在儿童集体中，口语发展正常，如果只生活在自己家中，口语发展就会受到很大限制。因此增加儿童与成人之间以及同伴之间的交往，是发展儿童语言的有效方法。

2. 丰富儿童的生活

生活是语言的源泉。没有丰富的生活，就不可能有丰富的语言。儿童生活范围狭小，生活内容单调，语言发展就迟缓。

较偏僻的农村里的儿童与繁华城市里的儿童相比，语言丰富程度差别较大。这是由他们的生活环境不同造成的。众所周知的“狼孩”正是因为脱离了人群才变得不会说话。

3. 加强对儿童语言的训练

对儿童语言进行有计划地训练是很重要的。幼儿园主要是通过语言教学来发展幼儿语言表达能力的。在教学中，应要求幼儿发音正确，用词得当，句子完整，表达清楚、连贯，教师要及时帮助儿童纠正语音，好的给予鼓励、表扬；要做出良好的示范，运用有效的教学方法，调动儿童说话的积极性，并给予反复练习的机会，促进儿童语言的发展和规范化。

儿童的世界“非黑即白”

——儿童的刻板性思维

大家都知道喜羊羊和灰太狼的故事，狼和羊是天敌，狼总是要吃羊的，所以说每次灰太狼出动都是恶狠狠的，但是这头愚蠢的灰太狼总是饿肚子，一次都没成功过。

4 岁的泉宝看到这个片段的时候就非常生气，妈妈问他为什么老是气鼓鼓的，他的回答是：“哼！大灰狼抓小羊，是个坏蛋。”

还记得我们小时候看电影的时候，总是竭力想弄清楚谁是好人，谁是坏人；总是想不明白为什么有时候好人还会做坏事，坏人还会做好事；剧里面是好人赢了，还是坏人赢了。当然，剧情结尾总是会有一个我们盼望的结局。

在上面这个案例中，泉宝执拗较真的行为反应出幼儿的一个共同特质，那就是幼儿“非黑即白”的道德判断力。所谓道德判断，是指幼儿运用道德标准对一件事情进行对与错、是与非的判断。在幼儿的道德世界里，没有像成人那样的灰色地带，他们的道德判断力表现为非黑即白、非此即彼。好人就是纯粹的好人，坏人就是纯粹的坏人。

为什么会这样呢？皮亚杰指出：在儿童发展的前运算阶段（2～7 周岁），幼儿在注意事物的某一方面时，往往忽略其他的方面，即思维具有片面性。他的“守恒实验”就揭示了儿童的这一思维特点。

比如在液体守恒实验中，在儿童面前放两杯等量的水，然后当着儿童的面把一杯水倒进一只又细又高的杯子里，然后问儿童，这两杯水是一样多呢，还是哪一个多哪一个少？

六七岁以下的儿童仅根据杯子里的水的高度去判断水的多少，而不考虑杯子口径的大小，而六七岁以上的儿童对这个问题一般都能做出正确的回答，即他们可以同时考虑水面的高度和杯子口径，从这两个维度来决定杯子里水的多少。

针对幼儿特有的“非黑即白”的道德逻辑，幼儿教师在教育教学中：一方面要懂得珍惜这份纯粹；另一方面也要善于引导这种稚嫩。具体说来：

(1)认识幼儿的道德世界。作为幼儿教师，必须科学系统地了解幼儿的思维特点和道德判断能力。从心底里接受幼儿“非黑即白”这样认识世界的方式，小心呵护幼儿的纯真质朴，避免因为不耐烦或者不理解造成对幼儿的伤害。

(2)丰富标签式榜样的形象。当灰太狼为了小灰灰放弃了吃羊儿们的计划时，幼儿教师要适时来一句：“看，灰太狼除了是羊村的敌人，也是一位让人感动的父亲啊！”

(3)话不要说太满。孩子们拥有敏锐的观察力和记忆力，他们的困惑很多时候来自老师言辞的前后不一致。幼儿教师应该尽量避免使用“一定”“非得”“必须”的命令式句型，用和孩子平等的身份一起商量做出班级决议，减少和幼儿的冲突，巧妙避免“非黑即白”的尴尬。比如，“我记得我们一起约定了值日制度”。

在教师有意无意地引导下，幼儿也不会简单粗暴地把所有人都划分为“好人”“坏人”，孩子们的情商发展自然也会得到促进！

孩子什么时候可以理解你呀

——儿童的自我中心思维

家里的电话响了，妈妈在做饭，就让4岁的安安帮忙接一下电话。安安拿起电话，原来是爸爸打过来的。“喂，是安安吗？”安安点了点头，没说话。爸爸没有听到说话声，感觉应该是安安，就问：“安安，妈妈在吗？”安安又无声地点了点头。爸爸又问：“安安，让妈妈接一下电话好吗？”安安再一次无声地点了点头，然后去厨房叫妈妈听电话。

上面的情景中，安安所呈现出来的思维方式，心理学上称之为：“自我中心”。“自我中心思维”并非我们通常所说的“自私自利”，而是幼儿心理学中的一个术语，即幼儿常常依赖于自己的想法，从自己的角度去观察和认识外部世界，认为每个人看到的世界都和自己看到的一样。

故事中安安的反应是自我中心的思维方式，因为她在用点头回答爸爸的问题时，没有考虑到爸爸是看不到自己的。

皮亚杰也举例说明了这种思维方式：两个男孩去给妈妈买生日礼物，7岁的男孩选了一串珠宝工艺品，3岁半的男孩则选择了一辆小汽车，小心地包装好送给妈妈。可以看出这个3岁半男孩的行为就是“自我中心”的，因为他没有考虑到妈妈的兴趣与自己的兴趣并不相同，当然这并不是自私。

三山实验是皮亚杰和其助手设计的，用来证明儿童自我中心性的思维模式的经典实验，即从自我的角度去解释世界，以此来研究4～7岁的儿童看问题的角度和方式。

实验过程中有一个包含三座山的模型，三座山以不同的颜色来区别：一座山上有间房屋，另一座山顶上有一个红的十字架，第三座山上覆盖着白雪。让儿童坐在桌子的一边，桌子上放着这个模型。先让4～7岁的儿童分别从每一个角度观察，目的是让他们看到不同角度的三座山之间的空间关系。实验者把一个娃娃放在桌子周围的不同位置，问被试对象：“娃娃看到了什么？”在第二个实验中，向儿童出示从不同角度拍摄的“三座山”的照片，实验者让娃娃围着山的各侧走动，当布娃娃停留在山的某一侧时，要求儿童挑出娃娃看到的那张照片。第三个实验则给儿童三张硬纸板，要儿童按娃娃所见把三座山排好。实验结果发现：8 岁以下儿童一般不能成功完成任务。大多数 6 岁以下儿童选择的照片或搭建的模型，与他们个人的观察角度一致，而不是娃娃的。

据此，皮亚杰认为儿童在对事物进行判断时是以自我为中心的，不能采纳别人的观点。1975 年，心理学家博克将皮亚杰的三座山实验进行了改进，设计了农场景观模型。这个“农场”中有房子、小湖、小船，还有牛和马在地上，布局类似于三山测验。这个实验中代替玩具娃娃的是美国儿电视节目《芝麻街》中的主角——格罗弗。

格罗弗开着轿车绕着农场转动一周，期间不时停下观赏农场的景色，在格罗弗停下来的时候，实验者要求儿童指出格罗弗看到了什么。

结果发现：儿童 3 岁的时候就能够在农场实验中很好地完成任务，但是在“三山”测验中成绩却很差。所以说幼儿是否考虑到别人的观点，与儿童对问题场景的熟悉度有关，当场景是儿童熟悉的，问题也容易让儿童理解时，儿童就更容易理解问题的观点，从别人的角度去考虑问题。

自我中心是幼儿思维和认知发展的必经阶段，幼儿教师在教学和生活中，要选择适合幼儿思维方式的教学内容和方法，具体建议如下：

(1)孩子年幼的时候具有自我中心性，不能站在别人的角度和立场考虑问题，因此也很难体谅别人的难处或者听进别人的建议，他们只会坚持自己的角度和立场。因此，他们有时候会因为只顾着自己而犯一些错。

就因为这样，在这一阶段父母可能会相对辛苦一些。但这是孩子的一种成长特点，无法避免。因此，父母应该宽容一点，不要责怪孩子不懂事。事实上，成人不也经常以自我为中心考虑问题吗？有时候我们会抱怨一直不下雨，偏偏要出门的时候就下雨了；一直没来电话，偏偏准备休息时来了电话；偏偏有急事的时候路上堵车。因此，像看待自己的自我中心一样，以平常心去看待孩子吧。

(2)重视角色游戏和移情训练的价值，帮助幼儿学习换位思考。扮演多种角色，体验不同角色的内心世界；而移情训练可以让幼儿思考“如果是我，我该怎么办”，以了解他人的情感、需求和活动。可以通过适当的方法让孩子学会理解别人的看法。家长可以从儿童熟悉的问题和事物开始，换个角度看问题，就会看到不一样的世界。

(3)集体游戏和团体讨论。集体游戏既可以给幼儿带来游戏的娱乐，又可以引导幼儿遵守规则。此外，在集体游戏的时候，教师还可以让幼儿讨论怎么玩更好，让他们意识到别人的想法有可能和自己不一样。

是世界太复杂，还是儿童的头脑太简单

——儿童的前因果思维

有一次在电视上看到一个小视频，是关于儿童如何看待爱情的，小朋友们的回答让人啼笑皆非。有人说爱情就是一个面包，有人说爱情就是一个笑话，还有人说爱情就是小朋友手里的玩具……

原来他们对爱情的判断就是来源于生活，来自于自己的生活经验。

爸爸出差，给4岁的明明带回来一个节拍器，明明可高兴了，拿着这个节拍器爱不释手。可是不一会儿，爸爸看见明明把节拍器拆掉了，他非常生气地责问明明为什么要拆掉新买的玩具，可明明却回答说："节拍器会滴答滴的响，我想知道是不是里面有只会唱歌的小虫子呢？"

当你生气孩子把很多新买的玩具拆得七零八落的时候，你是否意识到，是因为孩子的世界你不懂。

事实上，这几个故事都体现了幼儿的"前因果"思维。"前因果"思维是指幼儿由于知识、经验有限，思维以具体形象性为主，难以理解自然界和社会生活中比较复杂的因果关系，因此会对事物做出各种看似荒谬的解释。

瑞士著名心理学家皮亚杰认为，幼儿的"前因果"思维主要表现在两个方面：第一是幼儿由于知识经验的欠缺，还不能发现事物状态变化的机制或原因；第二是幼儿对因果关系的解释是以自我为中心的，他们认为世界上的一切事物都是有思想、有意识的，思想和意识是和纸、笔一样客观存在的东西等。他们往往会用自我的生活经验来解释周围的世界。

我们来看看小朋友眼中的世界：

如问小朋友"太阳为什么会下山呀"，他会说，"是因为太阳要回家睡觉了"。还有的小朋友会说"是月亮和太阳打架，太阳输了，所以他就灰溜溜地回家了"。问小朋友"树叶为什么会摇晃呀"，他会说"树叶在和我打招呼呢"。

总之，小朋友对一切问题都用以自我为中心的"前因果"思维来解释。他认为太阳、小狗和树叶都是有思想、有意识的，是和自己的生活一样的，因此用这些可爱、天真的语言来解释身边的现象。

心理学家们对儿童的因果意识有着不同的看法。皮亚杰提出了"前因果"思维的概念，认为幼儿直到7～8岁之后，思维才能达到因果阶段。如果我们适时地引导孩子，孩子的思维是可以达到因果的。

(1)多通过实物来解释因果，如果孩子不懂自行车为什么转动，爸爸妈妈可以和孩子一起观察自行车的结构；孩子不理解为什么星星只在晚上才出现，爸爸妈妈可以和孩子一起查阅资料；孩子想知道蚂蚁的生活习性，爸爸妈妈可以和孩子一起去观察蚂蚁……

(2)抓住生活中的因果关系事件进行随机教育。孩子感冒了，告诉孩子："因为天凉了不添衣服会冷，所以会感冒，感冒了要打针吃药"。家里停电了，告诉孩子："因为电视、冰箱、空调都是电器，是要靠电才能启动的，所以停电就看不了电视了，也用不了冰箱和空调了"。

(3)让孩子知道爸爸妈妈和他们一样，也不是什么都懂的。孩子的思维是天马行空的，有时候他的提问会难住父母，这个时候，除了告诉孩子"爸爸上网查查再告诉你"之外，还可以借机让孩子理解，爸爸妈妈也不是万能的，每个人都有不懂的东西。

猜猜我在想什么

——儿童的"心理理论"

每个心理学家都梦寐以求拥有的超能力就是"读心术"。这会让心理学实验事半功倍，想象一下，当你能够成为另外一个人去感受他的经历，实在是太神奇了！

虽然心电感应还只是科幻小说的情节，但是大多数人只要转换个角度，都有本事在某种程度上钻进别人脑袋里看看。我们之所以能够做到，是因为大脑是个超级模拟器——比方说，我们可以预测网球从哪里飞过来，然后判断是上网截击还是到底线防守。同样的道理，我们也可以站在别人的角度去体会他们的想法、目的或者可能的行动。实际上，如果不能模拟别人在想什么，我们就会迷失在社会生活中。

心理学家将这种模拟或者猜测他人想法的能力称之为“心理理论”。儿童出现心理理论，是发展过程中的重大里程碑。有些心理学家认为，有些儿童不能成功发展出心理理论，是儿童孤独症的主要特征。

萨尔茨堡大学的心理学教授利用错误概念进行的实验，为心理理论何时出现提供了最早的证据。为了证明心理理论的出现，研究者们想看看孩子们能不能通过错误概念的测试。要通过这项测试，孩子们需要明白别人的想法可能和自己的不一样。这对那些刚接触这个世界的孩子来说，可是个很大的挑战。

实验对象是3～9岁的孩子，他们给孩子们讲了一个叫作Maxi的男孩的故事。Maxi的妈妈买了巧克力回家做蛋糕。Maxi看到妈妈把巧克力放进了蓝色的橱柜，之后Maxi就出去玩了。与此同时，妈妈用巧克力做完蛋糕，把剩下的放到了绿色的橱柜里。Maxi玩完回家觉得很饿，就想拿些巧克力来吃。实验者问参加实验的孩子，Maxi会到哪个橱柜找巧克力？在实验中，实验者还用玩偶和火柴盒表演了这个故事，让孩子们有更直观的理解。

实验结果显示：3、4岁的孩子一般不能通过这个测试，他们会回答巧克力实际的位置，而不是Maxi以为巧克力在哪。他们不能理解：虽然自己知道巧克力在哪儿，但是Maxi并不知道。Wimmer and Perner认为这是因为他们不能通过Maxi的视角，构建一个与自己世界不同的心理模型。也就是说，他们还不具备心理理论。从4、5岁开始，情况发生了戏剧性的改变。突然之间，大多数孩子们就能够指出Maxi认为巧克力在哪个柜子里，而不是自己所知道的真正有巧克力的柜子。但是，有些孩子已经5岁了，他们还是很难理解别人可能会有错误的想法。最后，6岁大的孩子都可以理解别人对世界的理解可能是错误的。

这个实验指出，在4～6岁的时候，孩子们开始具备一系列重要的社会技能，这对他们日后能否在社会中应对自如至关重要。他们开始知道，别人的想法可能是错误的，自己可以说谎，别人也可以欺骗他们。

从某种意义上来说，丧失这种纯真有些遗憾。但是从另外的角度上看，这是想要在社会生活中获得成功的必要基础。4岁左右，孩子们开始理解我们并不是生活在一个绝对的世界中，实际上我们在自己的脑袋里建造了一个自己的世界模型，而这个模型很容易就会出错。

像很多儿童心理学研究一样，这个实验也引发了关于如何解释试验结果的争论。研究者们对其中的一些疑问进行了说明：

实验的时候，孩子们专心么？是的。他们正确地回答了一些问题，说明他们很专心。

年龄小的孩子会不会把故事忘了？不会。他们通过了一个记忆测验。

年龄小的孩子是不是没考虑问题，所以指出巧克力实际在什么地方？在另一个实验中，特意让孩子们停下来想一想——但这对年龄小的孩子没什么帮助。

在这个实验受到质疑的同时，心理学家又发明了其他检查孩子的心理理论的研究方法。至今，这些实验仍在世界各个角落使用着，发掘我们最初是在何时、如何拥有了解他人思想的能力。

你会数数吗

——儿童的数能力

一天，张老师到琳琳家去做家访，琳琳的妈妈高兴地对张老师说:“我们家琳琳数学学得不错哦，可以从 1 数到 100 了。”老师一听:真不简单，一个 3 岁的孩子能数到 100！真的是这样吗？妈妈一看张老师脸上怀疑的表情，于是想证明给她看看，随即拿起一把糖果，让琳琳数数看，只见琳琳东数一个西数一个，数了半天，最后只是随口说了一个数字。妈妈一看疑惑了，明明我们家琳琳是可以从 1 数到 100 的呀。

小时候听过一个笑话，就是讲一个很饿的人一下子吃了 5 块饼，付钱的时候感慨道，早知道吃到第 5 块饼的时候就饱了，还不如只吃第 5 块，这样付钱就少了。

事实上，上述两个小故事都体现了幼儿对数的初步概念。幼儿掌握数字概念并非简单的会数数，而是包括三个方面的指标:第一，幼儿认识到数的实际意义，比如知道“1”可以指一个人、一个苹果等，“2”可以指两只手、两瓶水等；第二，认识数序，知道自然数列中“左邻右舍”的关系；第三，认识数的组成。

正如第一个小故事中的琳琳，她能够从 1 背到 100，只能说明琳琳的记忆力不错，她还没有理解数的实际意义。数糖果的时候，“东点一个，西点一个”就说明了这个问题。

而第二个故事中的人物，表现出了幼儿最初还不能区分基数(几个)和序数(第几个)的特点，他以为“5 个”和“第 5 个”是同一个概念。很多研究都表明，幼儿基数概念的发展优于序数概念。

对于幼儿的数能力，皮亚杰认为:幼儿在数能力方面是“无能”的。例如他们在数量守恒实验中往往会失败。这说明幼儿不能理解数量不变的事实。

但新近的研究却表明幼儿甚至婴儿在数领域都已拥有一定的知识和技能。

心理学家温恩相信婴儿具有数的抽象和推理能力，能够进行简单的加减法。她选取 5 个月大的婴儿作为被试对象，通过实验证实了婴儿对于加法和减法的认识。

实验中，让一组婴儿观看“1＋1”的运算情境:一个米老鼠玩具被放在舞台架子上，拉起屏幕遮挡住米老鼠；用手拿着另一个米老鼠伸入屏幕后的舞台，把它与第一个米老鼠并排放在屏幕后，然后空手退出舞台；屏幕落下显示正确数量的米老鼠(两只)，或者不正确的米老鼠(一只)。观察婴儿看到两种结果时的注视反应。

另一组婴儿观看“2－1”的运算情境:两个米老鼠被放置在舞台架子上，拉起屏幕遮挡住它们，一只手伸入屏幕后拿走一只米老鼠，然后屏幕落下，显示正确数量的结果(一只米老鼠)或不正确的结果(两只米老鼠)。同样观察婴儿看到结果时的注视反应。

两种结果之间的差异在于:一个是可能事件(1＋1＝2，2－1＝1)；另一个是不可能事件(1＋1＝1，2－1＝2)。如果婴儿理解了实验中所包含的算术运算，那么他们就能预测在屏幕落下后会看到的米老鼠数量；当出现的米老鼠数量不是婴儿预期的，他们就会对这个不可能的结果注视更长的时间。而实验结果恰恰表现出了婴儿的算数能力:第一组婴儿对出现一只米老鼠的注视时间更长；第二组婴儿对出现两只米老鼠的注视时间更长。

实验者发现，5 个月大的婴儿对不可能结果注视的时间长于可能结果。这说明他们能够进行 2－1＝1 的运算，预期屏幕后面只剩下 1 只老鼠玩具。因此，当屏幕后面没有出现自己预期的结果时，他们便感到惊奇，会花更多的时间注视。这个实验说明儿童在很小的时候就能够进行简单的算术运算。

韦恩的实验影响很大，在后来被学者们多次重复，并得出了不一样的结果。后来，经过反复的实验、大量的观察与统计，心理学家们得出了下面的结论：

儿童在婴儿阶段就已经能够进行简单的算术运算了，但是他们的计算能力很弱，仅限于 1＋1＝2 的运算，稍大一些数字的加减运算他们就不能理解了。比如，2＋2 的运算儿童要到 4、5 岁的时候才能理解。

心理学家认为，环境和教育条件是影响幼儿有关数的认知发展水平的主要原因。因此，教师采取正确的教育方法，对于发展幼儿数概念具有重要作用。具体建议如下：

(1)玩数字游戏。比如我们可以教会小朋友数物品时要慢慢地数，要一个一个地数，不能漏数也不能重复。3、4 岁的幼儿数物品的时候，特别是数 5 以上的物品时，往往出现手口不一致的现象，因为他们还不理解数词的实际含义，不知道数词与物品之间的对应关系，等到他们 5、6 岁的时候，才能具备按物点数的能力。

(2)利用歌谣和故事。这些朗朗上口的数数歌，是帮助孩子学简单数数的最好帮手。另外，一些涉及数字的故事也可以给孩子带来很多乐趣。比如我们大家小时候经常哼哼的“门口大桥下，游过一群鸭，快来快来数一数，二四六七八”等。

(3)运用实物来让孩子学会加减运算，否则，孩子是不容易理解的。在家里可利用生活用品来训练孩子进行加减运算。例如 2 个茶杯加 1 个茶杯，一共是几个茶杯？原有 3 棵白菜，吃掉 1 棵白菜，还剩几棵白菜……家长尽可能利用日常生活中的事物提出问题，让孩子在摆弄中进行计算。

但是大家一定要记得，培养数学兴趣比学习数学知识更重要。创设轻松、愉快、灵活的学习环境，培养幼儿的数学兴趣，可以让他们在未来的学习中带着兴趣去探究数学的奥秘，这比让他们学会背诵 1 到 100，或者知道 1＋1＝2 要有意义的多。

它消失了吗
——儿童的客体永久性

我们蒙上眼睛，然后慢慢打开，这么简单的动作竟会让小天使们发出那么迷人的笑声。我们的心会瞬间融化，面对着他们也快乐地笑着，然后再一遍又一遍地重复这个美妙的游戏。

你要知道，小宝宝可不会识文断字，也不认识很多人，但这个游戏对他们却有着持久的魔力，已不再是一种习惯或潮流，它正在向我们展示出人类认知和思想建构的基础，吸引我们去了解和探索。

还记得小时候玩过的躲猫猫的游戏吗？小朋友藏起来让我们去找，这时候你肯定知道，即使小朋友不在眼前，但是他依然存在，所以你才会兴趣盎然地去到处找他。

这和皮亚杰所提出的客体永久性有关，所谓“客体永久性”，是指儿童脱离了对物体的感知而仍然相信该物体持续存在的意识。皮亚杰认为，儿童在 9～12 个月才能获得客体永久性，在 8、9 个月之前，孩子是没有客体永久性的。

在皮亚杰很多细致的观察实验中，有一个是观察当时只有 7 个月的女儿杰奎琳的。杰奎琳把一只塑料鸭子掉到了被子上，然后被被子盖住了，这样她就看不见鸭子了。皮亚杰注意到，尽管杰奎琳清楚地看到她把鸭子掉到什么地方，而且也能够得到，但她一点试着去捡起鸭子的意思都没有。

皮亚杰觉得很好奇，于是把鸭子又放到了杰奎琳可以看到的地方。然后当她就要抓住鸭子的时候，皮亚杰又慢慢地、清清楚楚地把鸭子藏到了被单下面。杰奎琳好像以为鸭子消失了，就像之前一次一样，没有试着在被单下面找一找。

对皮亚杰来说，这个行为很奇怪——因为当杰奎琳看得到鸭子时，明明对那个鸭子很感兴趣；但只要她从视野里消失的时候，就好像完全忘记了一样——看起来，眼不见，果然心就不烦了。

皮亚杰从这个观察以及其他很多实验中得到结论：儿童并不是天生就了解，当我们看不见物体的时候，它还会继续存在。皮亚杰认为，这个概念需要孩子自己通过接触和探索这个世界才能慢慢掌握。直到 9、10 个月，皮亚杰才看到杰奎琳开始找那些藏起来的东西。

客体永久性的建立有一个缓慢的过程，在建立的初期，儿童还会犯一种错误，叫作 A 非 B 的错误。什么叫 A 非 B 的错误，就是当着婴儿的面将玩具藏在 A 处的盖布下面，婴儿会伸手掀开 A 找出玩具，然后当着婴儿的面将该玩具藏在 B 之下，结果婴儿继续到 A 处的下面去寻找那个玩具。这是因为孩子还不能发现，物体从一个隐藏的地方到另一隐藏的地方的移动。皮亚杰将这种现象称为 A 非 B 错误。

在 12～18 个月，婴儿能够根据物体位置的移动来寻找它们。但是，当位移过于复杂时，他们仍然会失败，比如连续的位移。

在 18～24 个月后，婴儿才能跟随看不见的转位。例如，一只球掉到沙发下，儿童能够绕着沙发迂回寻找到皮球。

一些研究者提出，实际上，婴儿具有客体永存性的年龄比皮亚杰理论所说的要早，他们还设计出不同的方法来测试。

爱丁堡大学的汤姆·鲍尔，就进行了一系列令人印象深刻的实验。在其中一个实验里，他以 8 个月以下的婴儿为实验对象，让他们坐在桌前，父母在对面拿着可爱的玩具逗引他们。这时，鲍尔拿一块隔板从婴儿正盯着看的玩具前穿过，把心率次数作为婴儿对玩具的兴趣指标。在半数婴儿的试验中，隔板穿过后玩具仍在原处；在另一半试验中，隔板穿过后玩具消失。鲍尔认为，如果这些婴儿不具有客体永存性，那么当玩具消失时他们不会感到惊奇。而实际上，心率测量的结果显示，婴儿在玩具消失时比在玩具重新出现时更惊奇。在另一个实验中，隔板静止不动而让父母拿着玩具在隔板后移动。其中一些实验，玩具最后停止在隔板后面；另一些实验中玩具则出现在隔板的另一端。鲍尔发现，8 个星期大的婴儿会将眼睛转向隔板的另一端期待玩具从那里出现。这两个实验的结果都对“眼不见，心不烦”这一简单说法提出了质疑。接着鲍尔提出了一种更为复杂的解释。他认为，这一年龄期的婴儿没有认识到地点与运动是相联系的，在他们看来，同一个物体从一个地方移动到另一个地方，则成了一系列不同的物体。

下面一项研究结果支持鲍尔的这一观点。在这项研究中，通过多面镜子反射将婴儿母亲的多个影像呈现给婴儿。5 个月以下的婴儿很高兴看到自己母亲的三个影像，并依次与其交往。5 个月以上的婴儿则因多个影像而显得困惑、苦恼。鲍尔认为 5 个月以上的婴儿认识到自己只有一个母亲,却不能从一个地点或一个运动来确认她。

看来皮亚杰很可能低估了婴儿的认知能力,婴儿在感觉—运动某些方面的发展比皮亚杰所说的要发生得更早。不过,毫无疑问,客体永存性的获得是儿童早期发展的一个重要里程碑。它标志着儿童从局限于当时当地的身体动作中解放出来,认识到物体的位置转换和永久存在性。

皮亚杰也说,儿童客体永久性的获得,是儿童心理发展史上堪称哥白尼式的革命。儿童获得客体永久性观念,对儿童后来的认知发展具有极其重要的意义,是后来儿童认知活动发展的基础。

因为客体永久性的获得,可以让儿童形成了客体是稳定性的这样一种客观认识,当某一个客体在视野某处消失时,他们仍能在该处寻找。比如说当我们闭上眼睛,你不会认为整个世界消失了吧。

空间—时间的组织也达到了一定水平,因为物体的位移跟空间定位有关,同时也体现了时间序列的特点,因为位移总是遵循一定的时间顺序。

表现出因果性认识的萌芽。当儿童能运用一系列协调的动作实现其中的一个目的——如用手拉动面前的毯子,拿到放在毯子上的玩具的时候,就意味着儿童因果性认识已产生了。

还有一项有意思的研究发现:婴儿的睡眠与其客体概念的发展有关,客体永久性概念水平较高的婴儿比水平较低的婴儿睡眠状况要好。比较直观的感受就是,如果你不能确信第二天早晨醒来你的财务依旧原封不动、没有消失,你可能也睡不安稳吧!

第五章　儿童情绪情感的发展

情绪是儿童认知和行为的唤起者与组织者，也就是说情绪对婴幼儿心理活动和行为具有非常明显的动机和激发作用。婴幼儿的心理活动和行为的情绪色彩非常浓厚。情绪直接指导、调控着儿童的行为，驱动、促使着儿童去做出这样或那样的行为，或不去做某种行为。例如，让儿童学会早上来园时跟老师说："早上好"，下午离园时说"再见"，结果许多儿童先学会说"再见"，而问"早上好"则较晚才学会。其重要原因是由于儿童早上不愿意和父母分离，缺乏向老师问早的良好情绪和动机，下午则愿意立即随父母回家，所以赶快说"再见"。虽然同样是学说话，但在不同情绪影响下，学习效果并不相同。

1～3岁的儿童情绪反应的动因，除了与满足生理需要有关的事物外，还有大量与社会性需要有关的事物。但总的来说，在3岁前儿童情绪反应动因中，生理需要是否满足是其主要动因。3、4岁幼儿，情绪的动因处于从满足生理需要向满足社会性需要的过渡阶段。在中大班幼儿中，社会性需要的作用越来越大。幼儿非常希望被人注意，为人重视、关爱，要求与别人交往。与人交往的社会性需要是否得到满足及人际关系状况如何，直接影响着幼儿情绪的产生和性质。成人对幼儿不理睬，之所以可以成为一种惩罚手段，原因即在于此。不仅与成人的交往需要及状况是制约幼儿情绪产生的重要社会性动因，而且同伴交往的状况也日益成为影响幼儿情绪的重要原因。由此可见，幼儿的情绪情感与社会性交往、社会性需要的满足密切联系，幼儿的情绪情感正日益摆脱同生理需要的联系而逐渐社会化，其与成人（包括教师、家长）和同伴的交往密切联系，社会性交往、人际关系对儿童情绪影响很大，是左右其情绪情感产生的最主要动因。

我是表情帝

——儿童的情绪发展

我们经常说六月天孩子的脸，说变就变，刚才还晴空万里，马上就乌云密布了，现实是这样的吗？

没错，这是因为婴幼儿的情绪非常不稳定，具有情境性、易变性、易受感染的特点。婴幼儿的两种对立情绪，常常在很短的时间内相互转换，随着情境的变化而迅速变化。

婴儿出生后即有情绪，婴儿的情绪反应，主要是和他的基本生活需要是否得到满足相联系的。例如，是否有温暖的环境、是否吃饱、喝足、尿布是否干净等，都常常是引起各种情绪的动因。他们或哭或笑，新生儿几乎完全借助于他的面部表情、动作、姿态及不同的声音表情等，与成人进行着信息交流，相互了解，引起其与成人的交往，或者维持、调整交往。儿童在掌握语言之前，主要是以表情作为交际的工具，因为他们不会语言，所以只能用表情和动作来表达他们的情绪，所以他们天生是个表情帝。在婴幼儿初步掌握语言之后，表情始终是婴幼儿重要的交流工具，它和语言一起共同实现了儿童与成人、儿童与同伴间的社会性交往。

不过大人们不要以为那些整天只知道吃了睡、睡了吃的小婴儿什么都不懂。英国学者的一项最新研究发现：婴儿不光自己有情绪反应，4 个月大的婴儿就能识别人们的面部表情，他们在会说话前已经懂得他人的非语言交际信号，如友好的微笑。

英国的研究小组对一些 4 个月大的婴儿进行了测试：一种情况是让人与他们相互注视；另一种情况是转移注视他们的目光。两种情况后都做出抬高眉毛微笑的表情。与此同时，研究人员检测婴儿们的大脑血氧水平，并使用近红外线扫描婴儿的脑部并拍照以及观察他们的脑电波。结果显示：婴儿们能意识到别人的注视，当他们看到自己被人注视时，大脑皮层血氧水平较高。研究人员表示，这一能力是社会交际能力的基础，对社交能力的发展非常关键。

有研究表明：人类的面部表情早就不局限于表达像喜悦或者悲伤这样的简单感情了。人类共有 21 种表情，而面部表情只是情绪生理过程的一部分，但它又与社会性认知有密切的联系，区别面部表情的能力是社会性认知的重要标志。表情所提供的信息对幼儿社会性发展起着特别重要的作用。

随着年龄的增长，幼儿解释面部表情和运用表情手段的能力也都增长了起来，情绪的冲动性逐渐减少，年少的幼儿常常处于激动的情绪状态，这与其生理因素主要是大脑皮质的兴奋容易扩散、皮质对皮下中枢的控制能力发展不足相关。随着幼儿的发育以及语言的发展，情绪的冲动性逐渐减少。幼儿对自己情绪的控制，起初是被动的，由于服从成人的要求而控制自己的情感。直到幼儿晚期，幼儿对情绪的自我调节能力才逐渐发展。成人经常不断的教育和要求以及幼儿的集体活动和集体生活的要求，都有利于他们逐渐养成控制自己情绪的能力，减少冲动性。

为什么老师说的都是对的

——儿童的他律道德

近来，三岁的泉宝经常把“老师说的”这句话挂在嘴边，动不动就说“这是老师说的”。

他看见弟弟在吃竹签穿的羊肉串，立马上去夺下来，而且理直气壮地说：“老师说的，小朋友不能吃竹签穿的食物，这样容易戳着自己。”

吃饭的时候，同桌的爸爸边吃边说话，他也会警告爸爸说：“老师说了，吃饭的时候不能说话，这样会呛着自己。”搞得大家是哭笑不得。

泉宝令人啼笑皆非的行为说明了幼儿的道德是他律的道德。所谓他律的道德，就是指幼儿的道德判断受其自身以外的权威人物的标准所支配。泉宝眼里的老师是一个比家里任何人都有权威的人物，所以他的话对于泉宝来讲就如同圣旨。我们经常听到家长说，老师的一句话比家长的十句话都要管用，说的就是这样一个道理。

瑞士儿童心理学家皮亚杰做了这样一个实验，他跟小朋友讲了一个故事：

星期日下午，妈妈很疲倦，要她的女儿和儿子帮她料理家务。妈妈要女孩去把一摞盘子擦干，要男孩去取一些柴火来：但是小男孩上街去玩了。妈妈就叫小女孩去做了这两件事。这个小女孩会说些什么呢？

皮亚杰询问了150个6～12岁的儿童，结果是年幼的儿童倾向于服从权威，认为成人的命令都是正确的，所以妈妈叫小女孩做两件事是对的，应该服从。只有9岁以上的儿童才会认为妈妈这样做不公平。

皮亚杰由此得出结论：8岁以下的儿童认为应服从权威和年长者的命令。

听大人的话就是好孩子，不听大人的话就是坏孩子。他们也服从周围环境对他们的规定或提出的要求，并认为这些规则或要求是不能更改的，谁也不能违反，若是违反了，就是犯了极大的错误。

在实际教学中，"好告状"就是这一阶段的儿童服从权威道德观念的具体表现。在幼儿园里经常有小朋友来跟你说"老师，佳佳抢了贝贝的玩具"，"老师，壮壮把饭撒在地上了"。你真的是应付不过来。

美国的儿童发展心理学家科尔伯格使用道德两难故事法来考察儿童和青少年的道德发展情况，他也发现学前儿童只是盲目服从权威，旨在逃避惩罚。其中一个很有名的两难故事，就是"海因茨偷药救妻"。

欧洲有个妇人患了特殊的癌症，生命垂危。医生认为只有一种药能救她，就是本城药剂师最近研制的一种新药。配制这种药成本为200元，但药剂师却索价2000元。病人的丈夫海因兹到处借钱，最终才凑得1000元。海因兹迫不得已，只好请求药剂师便宜一点卖给他，或者允许他赊账，但药剂师说："我研制这种药，正是为了赚钱。"海因兹走投无路，撬开了药店的门，为妻子偷了药。

针对海因兹偷药的行为，科尔伯格向被试对象提出了一系列的问题，如海因兹该不该偷药？为什么？假如海因兹不爱他的妻子，他是否应该去偷药？为什么？假如不是海因兹的妻子，而是他的朋友得癌症快要死了，他是否应该去偷药？为什么？等等，借以分析被试对象在回答问题时是如何进行推理的。

科尔伯格对10多个不同国家的被试对象进行了研究，发现尽管种族、文化和社会规范等各方面都不相同，但人的道德判断随年龄发展而发展的趋势却是一致的，大致可分为3种水平，6个阶段：

1. 前习俗水平

第一阶段：服从和惩罚的道德定向阶段。处于这一阶段的儿童，对成人或规则采取服从的态度，以免受到惩罚。

第二阶段：快乐主义定向阶段。处于这一阶段的个体，在进行道德判断时开始比较行为和个人的关系，认为每个人都有自己的意图和需要。海因兹为妻子偷药符合他的自身利益，药剂师赚钱也符合自己的自身利益。在这个阶段中个体的道德判断具有较强的自我中心的特点，即认为符合自己需要的行为就是正确的。

2. 习俗水平

第三阶段：好孩子定向阶段。处于这一阶段的儿童认识到必须尊重他人的看法和想法，考虑到他人和社会对一个"好孩子"的期望和要求，并尽量按这种要求去做。在这个阶段，儿童已经开始从关心自己的需求发展到较全面地关心别人的需求，从而为自己塑造一个社会赞同的形象。

第四阶段:维护权威和社会秩序的定向阶段。处于这一阶段的个体开始从维护社会秩序的角度来思考什么行为是正确的,认识到每个社会成员都应当遵守全社会共同约定的某些行为准则,即强调对法律和权威的服从。因此,海因兹偷药值得同情,但不能宽恕,否则,社会就会发生混乱。

3. 后习俗水平

第五阶段:社会契约定向阶段。处于这一阶段的个体认识到法律不再是死板的、一成不变的条文,是可以通过共同协商和民主的程序来改变。如果一个人感到法律有失公平,就有权利通过正当途径说服别人改变法律。

第六阶段:普遍道德原则的定向阶段。处于这一阶段的个体,其认识超越了法律,认为除了法律以外,还有诸如生命的价值、全人类的正义、个人的尊严等更高的道德原则。因此,海因兹有责任挽救任何人的生命,不管这个人是他的妻子、朋友还是路不相识的陌生人。

随着孩子们年龄的增长,可能他们对同一个问题有了不同的看法,但在人生的头几年,大多数孩子的道德发展处于第一个阶段,以是否会受到惩罚作为道德定向。当然,这和孩子们的非黑即白的刻板思维有关系,他们往往会把复杂的东西简单化。

所以,作为家长或老师要规范自己的言行,因为你的一言一行都可能被儿童看在眼里,而且成了行为处事的原则。再者就是我们对儿童的道德教育不能超过儿童的道德认识水平,因为这样可能就会变成空洞的说教。在对孩子进行道德教育的时候,我们可以运用情节性强、扣人心弦的两难故事来进行,这样既可以让儿童听得有滋有味,而且故事结尾的两难问题也能引起儿童进一步的思考。

消失的兔子

——儿童的撒谎问题

有一次,我听到邻居在斥责孩子,从邻居骂孩子的话中,我可以听出原来小家伙把过年的压岁钱拿去买了吃的喝的,把钱都花掉了,却骗爸爸说钱丢了,更让邻居生气的是孩子居然学会了撒谎。

每位家长都希望自己的孩子是个讲真话、不说谎、实事求是的诚实孩子,估计很多家长在发现孩子撒谎的时候,都会生气。但是在生气的同时,我们也需要反思的是孩子为什么会撒谎,是什么促使了他们这种撒谎行为。只有找到了原因,我们才能找到正确的应对方法。

在这种疑问的基础上,国外有心理学家以儿童为被试对象做了一个说谎实验:

实验是在一个具有单向玻璃的大房间里进行。房间里的一个角落里放了一只笼子,笼子里装有一只非常可爱的兔子,放笼子的地板经过特殊设计,一按开关,笼子就会消失不见。在房间相对的一个角落里则放着一堆有趣的玩具和一些诱人的糖果。实验者和孩子进房间后就对孩子说,自己有事要出去一趟,麻烦孩子们照看一下兔子。孩子们都喜欢兔子,起初,都在陪着兔子玩耍,但终经不起玩具和糖果的诱惑,到房间的另一侧玩和吃去了。实验者趁机按下开关,兔子不见了,这时候,实验者进到房间内,问孩子们,兔子去哪儿了?是不是因为自己的疏忽导致兔子不见了?

孩子们对此的反应各不相同,有的孩子向实验者完全否定事情的经过,有的孩子勉勉强强地告诉实验者实情。而且实验者发现,当实验者追问得越厉害的时候,孩子们就越不敢承认是因为自己贪玩或者贪吃导致的疏忽。

实验结论表明:当现实情境对他们构成了足够大的威胁的时候,孩子就会说谎。

孩子天生不会撒谎,一般 6 岁以下孩子的“撒谎”不是真正的撒谎,而是因为这个年龄的孩子分不清什么是想象,什么是现实,他们可能会把想象说成是现实中发生了的事情。比如,孩子跟你说昨天晚上他过生日,吃了一个很大的巧克力蛋糕,一问孩子妈妈,才发现昨天根本就不是孩子的生日,当然也不存在吃蛋糕的说法。这是怎么回事呢?原来孩子天天盼着和外地的妈妈在过生日的时候团聚,和妈妈过一个快乐的可以有巧克力蛋糕的生日。所以说 6 岁以下的“撒谎”行为是孩子们美好的愿望和向往。

可是随着年龄的增长,孩子怎么学会了撒谎呢?作业未做却骗妈妈说做好了,放学后打游戏机却骗妈妈说没打……记住,孩子天生是不会说谎的!如果说某个孩子有说谎的坏毛病,这一定是他的成长环境出了什么问题。据研究表明,孩子撒谎不外乎两大原因:一是模仿大人;二是迫于压力。

那么,孩子说谎了,我们该怎么办呢?

第一,孩子说谎时,父母不要过于愤怒和惊慌,而耐心引导孩子自己说出真相。

孩子们天生都是善良的,最初说谎的原因通常是因为觉得自己没办法承担其后果。从另一个角度来说,这也是孩子是对自己的一种保护。因此如果父母表现的过于愤怒,并不能让孩子认识到自己的错误,只是感受到了威胁,甚至会觉得如果自己说出真相会有更可怕的事情发生,因此这样有可能会促使孩子下次继续说谎。

但对于孩子的谎话也不能置若罔闻,这样同样也不能让孩子认识到自己的错误。因此应该以温和的态度告知孩子,说谎是错误的,下次不能再犯。并鼓励孩子自己说出真相,父母不要急于替他们说出,并对他们说出真相的行为予以赞美。

第二,辨明孩子说谎的原因,有针对性地进行引导。

孩子们说谎也有可能是其他的原因。例如,有些小孩子说谎是期望自己变成谎话中那样,这种情况下,我们就要帮孩子理清理想和现实,并鼓励孩子朝着自己理想期望中的样子去努力。再比如,有些孩子说谎是因为看到别人说谎得到了好处,所以自己也这样做,这时父母就要耐心地告诉孩子说谎是不好的事情,所带来的好处只是一时的,而说谎却会永远失去家人和朋友的信任,得不偿失,引导孩子选择正确的路。

第三,多倾听孩子的真实想法,会有效减少孩子说谎。

一般来讲,孩子说谎都是因为想要得到什么,或是因为不想要什么后果。而有这样的诉求通常是孩子和大人沟通不畅造成的,孩子没办法通过正常的交流达到目的,才会选择说谎。因此从源头解决的最好方法,就是父母真心愿意倾听孩子的想法,不带批判的倾听,包容的倾听,有共鸣的倾听,这样一定会有效地减少孩子的说谎行为。

总之,正确对待儿童的说谎行为,首先就是大人要树立起好榜样。不要动不动就撒谎,当然对于那些“善意”的谎言,我们家长也有进一步解释的必要。

其次就是要采取批评与宽容要适度的态度。发现儿童的说谎行为时一定要以正确的态度对待,要让他们认识到自己的错误,并进行改正,而不是让他们体验在错误或者说谎后所带来的具有威胁性的结果。因此,我们在对待儿童说谎行为的时候,应结合使用批评与宽容的方法。

“妈妈,我不想上幼儿园”

——儿童的依恋行为

在9月的幼儿园门口,几乎每天早上都会看到这样地场景:孩子们一边哭泣一边紧紧地抱着妈妈的脖子,就是不愿松手,有的还会有撕心裂肺的哭叫:“妈妈,我不想上幼儿园”。

孩子们哭的多伤心啊,他们是舍不得离开妈妈,孩子们为什么会有这样的表现呢?其实这涉及依恋的问题,那什么是依恋呢?依恋一般被定义为婴儿和其照顾者(一般为母亲)之间存在的一种特殊的感情关系,它是一种感情上的联结和纽带。依恋是儿童社会性发展中最早形成和发展起来的情感,是儿童早期生活中最重要的社会关系。

很自然,儿童心理学家意识到,了解孩子和父母之间的依恋程度非常有用。不过问题来了:你怎么来测量依恋?几个月的婴儿可说不出什么有用的话,而家长的报告往往并不可靠。很显然,心理学家需要观察抚养者和孩子之间的互动。著名儿童心理学家艾斯沃斯和同事发现了一种研究孩子和抚养者之间感情依恋的方法,而这一方法目前已成为这一领域的标准程序。不少人认为这是研究儿童社会性和情感发展的最有力的实验。

艾斯沃斯基于人类最基本的情绪——害怕,设计了她的实验,使婴儿对抚养者产生依恋,6个月之后,会在下面这两个容易复制的情境中感到害怕。

陌生人焦虑:6个月之后,婴儿往往会开始害怕陌生人。当抚养者不在场的时候,尤其如此。

分离抗议:大概与此同时,也是6个月的时候,当抚养者离开的时候,婴儿也会开始感到沮丧。为了研究婴儿和抚养者之间如何互动,艾斯沃斯设计了一系列互动性实验,来测试婴儿在陌生人焦虑和分离焦虑情境下的反应。实验的过程就像精心编排的芭蕾舞,每一幕大约3分钟:

(1)实验者将婴儿和抚养者安排在实验的房间里,随后离开。

(2)当婴儿探索房间的时候,抚养者什么都不做。

(3)进来一个陌生人,前一分钟什么都不说,之后开始和抚养者说话。再过一分钟,陌生人开始接近婴儿。

(4)然后,抚养者尽量小心地离开房间,这时候,房间里只有婴儿和陌生人。

(5)抚养者回来安抚婴儿,然后再离开。

(6)婴儿一个人在房间里。

(7)陌生人进来,开始和婴儿玩。

(8)抚养者回来,陌生人离开。

就像你看到的,随着实验的进行,这些情境对于婴儿来说,越来越陌生。最开始,婴儿只是在一个陌生的房间里,然后陌生人进来了,陌生人开始和抚养者说话,最后连抚养者也看不到了。婴儿的压力也越来越大。

结果，在很多婴儿身上重复实验之后，艾斯沃斯从资料中分析发现了一个令人惊喜的规律。在观察到的现象中，最有意思的是当抚养者回来之后孩子的反应。根据在母亲回来后婴儿的反应，分析得出三种不同的依恋类型，其中一种是“好”的，另两种则被成“混乱”的依恋类型。

安全型依恋：这种婴儿对母亲的依恋很有安全感，在抚养者离开的时候会有些沮丧，但当他们回来的时候就会很开心而且可以很快平静。深入的研究显示70%的婴儿属于这个类型。

不完全/回避型依恋：这些孩子对抚养者没什么兴趣，虽然当抚养者离开房间的时候会大哭。奇怪的是，当抚养者回来的时候他们也不觉得高兴，总是转过身哭着就爬开了。大约20%的婴儿属于这种类型。

不安全/抗拒型依恋：这些婴儿最开始不想离开抚养者去探索新环境。之后，和不完全/回避型一样，当抚养者离开的时候他们会大哭，抚养者回来并想靠近婴儿的时候，他们又开始抗拒且看起来很生气。大约10%的婴儿属于这种类型。

以后的研究又确认了另一种不安全依恋类型，即不安全/混乱型依恋：这些婴儿没有固定的模式，他们看起来总是害怕抚养者，并对其感到迷惑。对婴儿来说，压力经常过大。这种依恋类型和抑郁的抚养者或者儿童虐待有关。

为什么婴儿会形成不同的依恋类型，研究者们进行了大量的研究。抚养者如何对待婴儿是研究的焦点。安全型依恋被认为和抚养者的这些特征有关：感觉敏锐而有责任心、鼓励双方的互动、温暖和接受的态度。那些明显与上述特征相反的行为或态度更容易导致不安全的依恋类型。还有研究发现婴儿的气质（性格）也是一个重要因素。

很多研究者认为依恋类型会导致很重要的社会性、情绪和认知方面的结果。有些研究者认为婴儿早期的依恋越积极，他们长大后就可以更成功地离开抚养者。安全型依恋的其他好处包括：更自信、更多朋友、成人阶段的关系更好；与之相反，不安全型依恋的孩子容易呈现更多负面情绪、行为问题、对其他孩子充满敌意。

关于儿童依恋的理论和研究有很多，下面我们再来探讨一下关于儿童期依恋的重要性。

美国心理学家哈罗就以恒河猴作为对象，做了一个母爱剥夺实验，被公认为是改变了全人类的一项实验。实验的内容是这样的，小猴子一出生就被从母亲身边带走，在接下来的165天，它们由两个代理妈妈抚养，两个代理妈妈分别叫做铁丝妈妈和绒布妈妈。当代理妈妈养的小猴子长大后可以看出，铁丝妈妈养育的孩子会有冷漠呆滞，类似于自闭儿童的行为，公猴子都失去了寻偶和交配的能力，都没能有下一代。由铁丝妈妈抚养的有18只母猴子自愿结婚了，有18只母猴子被强迫结婚了，这结婚的36只母猴子中只有20只生了小猴子，在这20只生了小猴子的母猴子中，有一只及其笨拙的喂养自己的小猴子，有7只对自己的孩子视而不见，毫不理睬，有8只殴打虐待自己的孩子，还有4只竟然杀死了自己的孩子。而绒布妈妈养大的孩子，基本上都正常的生活了。

从上面的资料中我们可以看出，依恋情感建立的积极与否，直接影响着儿童情绪情感和社会性的发展，因为我们是社会动物，和他人建立关系是生存的必须，并将帮助我们走过漫漫人生路。对那些不善于人际关系的人来说，平常生活中“付出—得到”这种常见相处方式往往都很难应对。他们可能变得对他人充满敌意，学业也可能出现问题，在以后的人生中更可能出现精神疾病。

正因如此，心理学家会对我们与最初的主要抚养者之间形成的第一段关系极为关注。这段最初的关系对于我们未来的各种关系至关重要，它影响着我们和配偶、同事、子女之间的相处。虽然你不能把所有责任都推给父母，但早期的关系就像一个模板，会对以后的生活打上烙印。

所以作为父母，应该多陪陪孩子，多关注孩子，创设温暖、和睦良好的家庭氛围，多给孩子温暖和安全的感觉。

“老师，她伤心了”

——儿童的移情能力

你看过周星驰的大话西游吗？其中有一段经典的台词，相信你如果细细品味，不觉就会有一种心酸落泪的感觉，故事中至尊宝深情地说道：曾经有一份真诚的爱情放在我面前，我没有珍惜，等我失去的时候我才后悔莫及，人世间最痛苦的事莫过于此。如果上天能够给我一个再来一次的机会，我会对那个女孩子说三个字——我爱你。如果非要在这份“爱”上加上一个期限，我希望是一万年。

看到这个画面，相信作为观众的你忍不住泪流满面了吧，所谓快乐着你的快乐，悲伤着你的悲伤。这说明你产生了和电影中的人物一样的情感。

妈妈在给贝贝讲“丑小鸭”的故事，当讲到丑小鸭大冬天无家可归，冷得打哆嗦，还被小狗、小鸡欺负的时候，贝贝的眼里含着泪水。妈妈问她怎么啦？贝贝说：“妈妈，我心里好难过。”

故事中，贝贝对他人的情感状态具有很强的认知能力。他能迅速地从文字描述中想象丑小鸭的际遇，并准确的判断其内心的感受，眼泛泪花说明贝贝有很强的移情能力。

什么是移情呢？通俗的来讲，就是指个体想象自己处于他人的境地，理解他人的情感、欲望、思想及活动，能设身处地替他人着想的能力。

研究移情的发生和发展是借助于研究痛苦移情开始的。刚出生两天的婴儿听到另一个婴儿的哭声会使劲地哭。他们的哭声不是出于模仿，而是他们真的难过，这是痛苦移情的最早形式，也称为“原始移情”。

霍夫曼在大量研究的基础上，勾画了道德移情发展的四阶段。

第一阶段：普遍性移情。往往发生在1岁以内的婴儿身上。因为个体不能意识到自己与他人的不同，他所产生的普遍性移情来自对他人的模糊的知觉以及情境的刺激。

第二阶段：自我中心移情。在两岁左右，儿童能区分自我与他人，意识到是他人遭到了不幸，但此阶段的儿童仍不能充分地把自己与他人的内部状态区分开来，会把别人的混淆为自己的，在安慰他人时犹如安慰自己一般，因此采取的帮助方式是不恰当的。比如有个孩子给哭泣的小朋友喂冰激凌。

第三阶段：对他人感受的移情。随着角色选择能力的发展，儿童逐渐能够区分他人的情绪状态，能做出更多的反应，并能体会到别人的痛苦，适当地给予帮助。

第四阶段：对他人总体生活状况的移情。在儿童后期，儿童能够注意到他人的痛苦可能和他的生活经验和背景有关，这时候他不仅能够理解他人眼前的痛苦，而且能够认识他人的生存环境或是生存条件是他人长期痛苦的根源。

儿童在3、4岁时便已经开始具有移情能力了，能从表情来辨别和理解成人的情绪，并采取一定的方式来取悦他们。

移情能力在同伴交往中有很重要的作用。因此，当孩子已经满3岁时，家长就应该考虑对他进行移情能力地培养了。

具体建议如下：

我们可以教孩子认识各种情绪。识别他人的情绪，是孩子移情能力形成的基础。在日常生活中，家长可以引导孩子“察言观色”，让孩子知道高兴、生气、害怕、讨厌、好奇等多种情绪，正确感受他人的内心活动。

我们可以鼓励孩子正确的表达自己的情感。

我们也可以通过绘本和角色扮演让孩子学会换位思考。让孩子扮演他人，体验他人在那样的情境下的心理活动，以使孩子进入情感共鸣状态。体验他人当时的情绪反应，从而产生移情与共鸣。

“老师，我没用，我不行”
——儿童的习得性无助

下面我们来看《甄嬛传》里的一个片段：

皇上：“你疯了？是朕，执意要娶纯元！是朕，执意要立她为福晋！是朕，与她有了孩子，你为什么不恨朕！”

皇后：“皇上以为臣妾不想吗？臣妾多想恨你呀，可是臣妾做不到，臣妾做不到啊！皇上的眼中只有姐姐，皇上你可曾知道，臣妾对你的爱意，不比你对姐姐的少啊！皇上，你以为姐姐爱你很多吗？你以为熹贵妃真的爱你吗？凡是深爱丈夫的女子，有谁愿意看着自己深爱的丈夫，与别的女人恩爱生子啊？臣妾做不到，臣妾做不到啊！”

一句“臣妾做不到呀”，反映了多少后宫女子的辛酸与无助。

大家见过跳蚤吧，跳蚤一下子能跳61厘米高，相当于人类跳400米，是自然界中名副其实的跳高冠军。但在心理学家眼里，跳蚤却成了一个连小瓶子都跳不出去的家伙，这是怎么回事呢？

实验者找来一个玻璃瓶子，将跳蚤放进玻璃瓶后，在上面再加上一个玻璃盖，跳蚤仍然可以看到外面的天空，当它依照往常的经验想要跳出去时，却不幸“嘣”的一声重重地撞到玻璃盖又掉了下来。在头昏脑涨之余，跳蚤内心十分的疑惑，它继续又试了几次，一次次地跳起，一次次地跌落，它慢慢地被制约了。为了不让自己痛苦，它将生活中无法停止的跳跃维持在玻璃盖的高度，经过多次的练习，它又练成了一种新的模式，即使在经过一天后，将玻璃盖拿掉，这跳蚤还是维持在原来的跳跃高度，就像马戏团里被绑在木桩上的大象一样。

上面的两个故事都反映出被试对象的一种心理——习得性无助。什么是习得性无助呢？就是个体会认为自己无能为力而不做任何努力和尝试。人若是经常体验到这种“无助感”，便很容易对自己失去信心，常常会认为“我没用，我不行”，但其实并不是自己真的“不行”，而是这种无助感让人觉得自己“不行”。

“习得性无助”是美国心理学家塞利格曼在研究动物时提出的。1967年，美国心理学家马丁·塞利格曼以狗为对象做了下面的实验：

塞利格曼把狗关在一个笼子里，只要蜂音器一响，就给狗以难受的电击，狗开始遭受电击之后，狂吠不已，并四处冲撞。多次这样的实验之后，蜂音器一响，狗不可避免地要受到电击，躲也没地方躲，索性趴下来，“心甘情愿”地等待电击。心理学家改变了实验条件，他们在给狗以电击之前先把笼门打开。结果却发现，在蜂音器响起后，狗不但不会从笼门逃跑，反而不等电击出现就先倒在地下开始呻吟和颤抖。本来已经可以轻松逃避电击的狗却在敞开的笼子中绝望的等待痛苦的来临。

后来，塞利格曼又做了类似的实验：他把一只狗放进一个大的笼子里，笼子的中间用隔板隔开，两边通电，狗无论是跳到哪边，都能感受到痛苦的电击，几次三番以后，即使在另一边不通电，这只可怜的狗也卧倒在笼子里，再也不肯尝试了。

塞利格曼把上述实验中，狗的绝望心理称之为“习得性无助”。在现实生活中，那些长期经历失败的儿童常常会出现“习得性无助”的特征：当一个人发现无论他如何努力，无论他干什么，都以失败而告终时，他就会觉得自己控制不了整个局面，斗志也随之丧失。最终就会放弃所有努力，真的陷入绝望。因“习得性无助”而产生的绝望、抑郁和意志消沉，是许多心理和行为问题产生的根源。

东东的父母平时忙于生意，很少关心孩子的学习情况。起初东东在家做功课遇到困难向父母求助时，他们总是先训斥孩子：“为什么这么简单的题都不会做，你怎么这么笨”；每次考试成绩出来，他们总是说“笨蛋，分数怎么这么低”，等等。后来，东东面对困难时总是望而却步，老师鼓励他：“没关系，试一试。”但是东东说：“老师，我很笨，我不会。”东东的学业成绩每况愈下。

由于幼儿很容易产生“习得性无助”心理，所以，幼儿教师在教学时就要了解幼儿的这种心理特点，掌握避免幼儿产生这种消极心理的措施和方法：

第一要多鼓励孩子。尤其是在孩子遭到失败时，父母切莫打击、讽刺、挖苦孩子，而应用宽容、信任的态度多鼓励孩子，减轻孩子失败的焦虑情绪，鼓励孩子一如既往地勇于尝试。

第二是引导孩子正确归因。让孩子感受到，只要自己努力就可以获得成功。当孩子成功的时候，与孩子一起总结，让孩子明白成功是自己努力的成果，提高其自我效能感。在孩子失败时，避免将所有责任都归咎于孩子，而应该客观分析内部因素和外部因素。

第三是帮助孩子体验成功。时常让孩子感觉“我能行”，父母需创造机会让孩子体会成功的喜悦。比如想培养孩子对象棋的兴趣，那就跟孩子一起“杀”几盘，在孩子不知情的前提下有意输给孩子，孩子定然会欣喜若狂，兴趣大增。

跳蚤还能跳出这个高度吗？实验者对这个问题又有了兴趣，于是拿着一盏化学实验用的酒精灯在玻璃杯下燃烧加热，结果没多久，这跳蚤在热得受不了时，全力地奋勇一跳，很轻松地跳出了玻璃杯，它又重新看到了自己的能力，又成为一个最顶尖的跳高冠军。

所以在现实生活中不要以为玻璃盖就是你的高度，也请善待那些会让你痛苦不安的人

或事，请相信他们正在燃烧你的斗志，有朝一日，你也有属于自己的一片天空。（图 5－1）

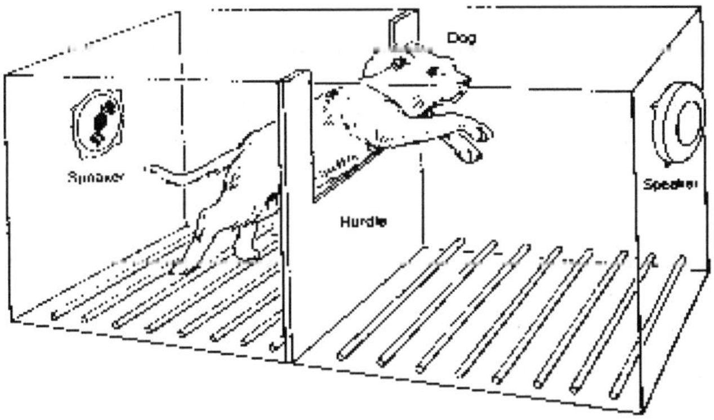

图 5－1

第六章 儿童的个性和社会性发展

幼儿期是人一生中个性形成的关键期，幼儿最初的个性倾向开始形成，社会性也进一步发展。在心理学中，所谓“个性”，即一个人比较稳定的，具有一定倾向性和各种心理特点或品质的独特结合。个性是一个复杂的，多侧面的，多层次的动力结构系统。

(1)个性倾向性：包括需要、动机、兴趣、理想、信念和人生观等。表明人对周围环境的态度，是个性结构中最活跃的成分，影响心理活动行进的方向。

(2)个性心理特征：包括气质、性格、能力等。这些特征最突出地表明人的心理的个别差异。另外自我意识也是个性的重要组成部分，是个性形成水平的标志，也是推动个性发展的重要因素。只有当以上各成分结合成为一个统一的整体，并具有稳定的、有倾向性和独特的特点，才组成个性。

人不仅具有个性，还具有社会性。个性的初步形成是从学前期(幼儿期)开始的，幼儿期是儿童个性和社会性发展的重要时期。儿童的个性形成和社会性发展是在社会化中实现的。社会化就是个体在与社会环境相互作用中获得社会的各种行为规范、价值观念和知识技能，成为独立的社会成员并逐步适应社会的过程。社会化的过程是使儿童由生物人变为社会人的过程。在儿童社会化中，家庭(包括家庭气氛、家庭教育、家庭结构等)及幼儿园(包括同伴、老师等)起着极为重要的作用。幼儿是在家庭与幼儿园里、在与父母及其他成员、小伙伴及老师的相互交往中，形成其个性与社会性的。

我是你的镜子

——儿童的模仿行为

大家都知道孟母三迁的故事，孟子小时候很贪玩，模仿性很强。他家原来住在坟地附近，常常玩筑坟墓或学别人哭拜的游戏。母亲认为这样不好，就把家搬到集市附近，孟子又模仿别人做生意和杀猪的游戏。孟母认为这个环境也不好，就把家搬到学堂旁边。孟子就跟着学生们学习礼节和知识。孟母认为这才是孩子应该学习的，心里很高兴，就不再搬家了。这就是历史上著名的“孟母三迁”的故事。

最近，中央电视台为妈妈洗脚的公益广告特别的火。片中：温柔漂亮的妈妈在给孩子洗脚，边洗边讲着“小鸭子游啊游……”的故事，孩子上床后，妈妈又去为老人洗脚。当她继续回房看顾孩子时，孩子不见了。随即，这则片子的高潮出现，只见 4 岁的孩子端着脚盆、步态蹒跚地边走边说“妈妈，洗脚”。画面一转，孩子边为妈妈洗脚边用幼稚的声音说“妈妈，我也给你讲小鸭子的故事。”尽管这则广告没有宏大的场面，跌宕的情节，但却演绎了一番人间最为美好的真情实感。

现在让你来想想，在你很小的时候，你说话的表情，走路的姿态，是不是有意无意地模仿过你的父母，你的老师，你认为非常重要的人呢？

那么什么是模仿？模仿是个体自觉或不自觉地去重复他人行为的一种过程，我们的语言、动作和行为习惯都离不开模仿，模仿是一种非常基础的学习能力，孩子通过模仿成年人的行为方式来进行学习。

看了这个广告，肯定有很多家长陷入了沉思，电视中的这个小朋友为什么这么孝顺呢？原来是因为他有一个好的榜样——他的妈妈。像广告中所说的那样，父母是孩子最好的老师，父母的一言一行都可以深深地影响孩子，小到说话的语气、口头禅，大到生活理念、为人处世，世界观、人生观和价值观。

孩子就如同一张白纸，我们在上面描绘美好的图画，孩子的一生都会非常精彩，那么如果我们在上面乱涂乱画，孩子的一生都将非常的灰暗。有句话说的非常好，从孩子的身上就可以看到其父母的品质。比如说有些女孩子模仿妈妈描眉化妆，有些男孩子模仿爸爸抽烟喝酒，连动作和表情都惟妙惟肖。在幼儿园里，老师们有意无意地行为都会深深地印在孩子的脑海中，然后在特定的场合展现出来。

我们的模仿能力是天生的吗？有人提出，其实我们的模仿能力在刚出生时就表现出来了，有个视频就准确的记录了一个刚出生 10 分的婴儿模仿其父亲吐舌头的场景。

1977 年，牛津大学和华盛顿大学的教授发表了一项研究，对皮亚杰的理论进行质疑。这项研究后来成为儿童心理学的一项经典实验。一位实验者坐在 12～21 天大的婴儿面前，对着婴儿吐舌头、张大嘴、撅起嘴唇并摇动手指。之后实验者一脸平静地看着婴儿，等待他的反应。

这项实验的关键是确定婴儿的确是在模仿实验者，而不是因为其他原因吐舌头或者张大嘴。换句话说，这真的是模仿，还是一些不能算作社会性互动的本能动作？

到底是不是模仿？Meltzoff and Moore 对其他各种可能的原因进行了排查。

婴儿是不是单纯因为实验者而感到兴奋？不是。当实验者张大嘴的时候，婴儿也张开嘴，但却没有吐舌头。实验者吐舌头的时候，婴儿才吐舌头。

这些模拟是不是一种反射性动作？不是。即使实验者吐舌头的时候婴儿含着奶嘴，如果随后取下奶嘴，婴儿也会跟着吐舌头。

是不是父母事前训练过孩子？不是。家长直到实验之后才被告知实验目的。

实验者在最初吐舌头或者张大嘴之后，有没有一些其他的面部表情给了孩子提示？没有。实验者的面部被录了下来并进行单独的评定，在“婴儿反应期”的这段时间内，他的面部表情被评定为“空白”。

对那些认为婴儿天生具备部分社会交往能力的人来说，这项研究无疑是他们的一张王牌。这项实验后来被多次验证，说明婴儿并不需要赤手空拳闯天下，从很早起开始，他们就能控制自己的身体并且可以模仿他人。

那么，个人的行为如何受他人的影响而发生改变，社会学习又是如何发生的呢？美国著名的儿童心理学家班杜拉做了大量的实验，并积累了大量的实证资料，提出了社会模仿学习的理论。

有一个著名的，也是最有影响的实验，叫作“波波玩偶实验”。班杜拉和他的同事成功地演示了儿童是如何学会攻击性行为的。班杜拉说，学习是在观察和与其他人交往之中形成的。

实验的思路是这样的：将儿童置于两组不同的成人模特当中：一组是具有攻击性的模特；另一组是非攻击性的模特。在观察了成人的行为之后，让他们进入一个没有模特的房间，观察他们是否会模仿先前所见到的模特的行为。

在斯坦福大学幼儿园参与实验的是36位男孩和36位女孩，年龄在3～6岁，平均年龄是4岁零4个月。在试验之前，班杜拉对孩子们的攻击性做了评估，每个组孩子的攻击性平均是大体相等的。

每个儿童在实验过程中都保证不会受到其他儿童的影响。孩子们被带进一个游戏室，在那里模特展示出不同的行为。实验员把一个成人模特带进房间，让他(她)坐在凳子上，然后参与孩子们的活动。10分钟过后，让他们开始玩一套零件玩具。在非攻击性的一组中，在整个过程中只是摆弄玩具，完全忽视了波波玩偶。在攻击性的一组中，成人模特则猛烈地攻击波波玩偶。

成人模特把波波玩偶放倒在地上，骑在上面，猛击它的鼻子。模特又把波波玩偶举起来，拿起锤子敲打它的头部。其间还夹杂着攻击性的语言。

最后，每个儿童都分别被带进一个实验室。这间房子里有几样“攻击性”玩具，包括一把锤子，一个用链子吊起来的球，球面涂成脸庞形状，还有枪，当然还有波波玩偶。房间里也有一些非攻击性玩具，包括蜡笔、纸张、洋娃娃、塑料动物和卡车模型。孩子们被允许在这个房间玩20分钟，实验人员从镜子里观察每个孩子的行为，并给出每个孩子攻击性行为的等级。

结果发现：成人模特不在场的时候，暴力组的孩子们更多地去模仿他们所看到的行为，而且男孩的攻击行为要比女孩高出一倍。

在此后1965年所做的另一个实验中，班杜拉发现，当有人对成人模特行为表示赞赏时，儿童就更喜欢模仿攻击行为，而当他们看到成人模特受到惩罚或谴责时，儿童的模仿就会少一些。

关于孩子的模仿，家长自身一定要做好榜样，由于幼儿模仿的对象主要来源于父母，而幼儿又因为年龄小无法分辨出事物的好坏，所以这时候父母一定要担当好引导者的角色。在现实生活中，我们针对幼儿好模仿的特点，选择内容积极向上的动画形象和文学作品中的正面人物，让其成为孩子们模仿和学习的榜样。

等一等，忍一忍

——儿童的自制力

在很多时候，我们都希望孩子能够忍一忍，能够等一等，但我们的孩子就是等不住，就是忍不了，那么面对这样的孩子我们应该怎么办呢？我们来看一个场景：

星期天，点点和妈妈去逛超市，面对超市琳琅满目的商品，点点是看得眼花缭乱。突然她看见了一个非常好看的芭比娃娃，这个娃娃点点的好朋友红红也有一个，点点上次去红红家的时候见过，当时都非常喜欢。点点要求妈妈买一个，但妈妈拒绝了她，理由是家里的玩具太多了放着多浪费，况且这个娃娃又这么贵。点点一听，既伤心又难过，坐在地上大哭了起来。

上面这个场景对大家来讲一定不会陌生，在日常生活中也经常会碰到，孩子们去商场，非得要买玩具，妈妈说等到过生日的时候再买，可孩子一刻都不能等，就是想要这个玩具，不买就在哭闹，有的甚至在地上打滚。

可能很多家长就会问，孩子等不及会对他的人生有影响吗？这也是我们心理学家所关注的问题。在20世纪60年代，美国斯坦福大学的心理学教授沃特·米修，在斯坦福大学的附属幼儿园里的600多名4岁左右的儿童身上进行了一项非常经典的实验，这项实验的名字叫作“千万别碰那块棉花糖”。

简单地说，就是把孩子领进实验室，在他面前放一块非常香甜的棉花糖，告诉孩子们说：“孩子们，你们现在还不能吃掉它，等会我要出去一下，15分钟后回来。如果你能等到我回来，我就给你两块棉花糖；如果你等不及吃掉的话，那就没有啦，你明白我的意思了吗?”孩子们点点头，说完实验员出去了。这时候实验室里只剩下孩子自己，我们可以通过单向玻璃，观察孩子们的表现。

于是，难熬的时候开始了，在等待期间，有的孩子不假思索立刻吃掉了第一块零食；有的孩子会在这段时间里想尽各种办法来抵御诱惑，比如他们会闭上眼睛，假装睡觉；有的会大声唱歌来转移注意力；有的转过身去；有的用手盖住眼睛；有的把手坐在屁股底下，使手不能去拿零食；还有一个小男孩，小心翼翼地扫视了周围一眼，确定没有人在看他，于是伸手把盘中奥利奥饼干拿过来，掰开后舔掉中间的白色奶油，然后再把饼干合起来，放回盘子，假装什么也没有发生，脸上露出满足的笑容。

总之他们熬过了这难熬的15分钟，等来的是双倍的甜蜜。

14年后，也就是当时参加实验的孩子18岁时，实验者做了跟踪调查，发现等待时间长(前1/3)的孩子，在学业上的成功超过等待时间短的孩子，而且差异相当明显。他们的SAT(美国大学入学考试)分数比那些等待时间排名垫底(倒数1/3的那部分)的孩子高出了210分(当时SAT满分为1600分)。

事实上，这些等待时间长的小孩，不仅仅是在学习成绩上有更佳的表现，而且在生活的各个方面都显示出优势。他们面对困境显示出更好的自控性并较少做出不成熟的举动；他们更能抵制各种不良诱惑(如毒品等)；他们的社交能力更强，说话更流利且有条理；他们显得更聪明和自信。不光如此，跟踪调查发现被试对象在40岁左右的时候，等待时间长的孩子的事业成功，家庭幸福和谐，个人目标达到很高水平，体重指数也比等待时间短的孩子们更胜一筹。研究者认为这是因为他们更能懂得运用注意策略来延长自己等待的时间，这也有利于他们在生活中控制热量的摄入。也就是说，确定孩子在延迟满足方面是否存在困难，不仅能够预测孩子在事业，家庭等各方面的成就，还能够预测他们在成年后是否存在超重或者肥胖的风险。

根据实验者在事后一次采访中对这次实验的一段描述，参与这次实验的小孩的生长环境是非常相似的：大部分的孩子的家长是斯坦福的教师或者研究生。换句话说，他们的智商遗传、家庭收入、家长社会地位等都是非常接近的。

这一实验引起了广泛关注。以前很多心理学家一直认为智商是预测成功的最重要因素，而棉花糖实验则表明：自控力比智商能更好地预测一个人的成功。实验者更进一步指出：智力其实受自控能力的约束，即使是最聪明的孩子也需要做作业。棉花糖实验在世界多个国家重复过，结果都很类似。

看来，孩子等不及确实是个大问题，那么在日常生活中，我们要注意去培养孩子的这种延迟满足的能力，当孩子表现出我们所期待的行为时，我们一定要及时的表扬他："你真是一个能控制住自己的宝宝"，"你真是一个有自制力的宝宝"。

但大家要注意的是，培养孩子延迟满足的能力，并不是一味地让孩子去学会等待，一味地去压制他的愿望，而是为了一个更大更长远的目标，学会克制当下的冲动和诱惑，克服当下的一些困难。这种看似简单的实验却揭示了如此深刻的道理。

"我不"

——儿童的自我意识

每天早上我们都要对着镜子梳妆打扮，对镜贴花黄。大家肯定都知道自己就是镜中人，镜中人即是自己。但孩子们知道吗？孩子们知道镜子中的人就是自己吗，面对镜中人，他们会有什么样的反应呢？

1972年，北卡罗来纳州大学的阿姆斯特丹发表了一项实验，这个就是有名的点红实验。它是在孩子不知情的情况下在他们鼻子上点一个小红点（可以选择婴儿熟睡的时候进行），然后，把孩子放在镜子前，让孩子的父母指着镜子里的影像问孩子："那是谁？"研究人员观察孩子们的反应。

孩子们的反应各不相同，有的可能会把镜中人当成一个别的孩子！当作要好好相处的玩伴，他们会做出接近的动作，比如微笑、发出声音，有的孩子甚至还会到镜子的背后去寻找他；有些孩子看起来有些警惕害怕；有的孩子会很好奇，"我"在抬手，他也在抬手，我在嘟嘴，他怎么也在嘟嘴。

等到孩子2岁左右的时候，他们才会意识到看到的是镜子里的自己，发现了自己鼻子上的红点，用手去触摸自己鼻子上的红点，想要弄清楚这个红点究竟是什么。

这个实验其实是来自于动物实验，镜子实验也被用于测试动物的自我概念。实际上，在阿姆斯特丹之前，这个实验最早是由盖勒帕教授用于黑猩猩的研究。所有的大型类人猿都"通过"了测试，其他还有海豚、鲸鱼和大象，因为他们也是群居动物，都需要发展"社会化"。

当孩子能认出镜中"我"的时候，说明孩子已经具有了自我意识，自我意识是主体对其自身的意识，是主体觉知到自身存在的心理历程。具有自我意识的孩子会意识到自己是一个独立的个体，在身体和心理的各个方面都和他人不同，无论外界环境如何变化，不管自己有了什么新的特点，都能认识到自己是同一个人，即具有稳定的统一感。

小家伙原来没有自我意识，他们不知道在自己的存在吗？是的，你小时候啃过脚丫子吗？因为你不知道那是自己的，你可能会把它当作是一个玩具或一种食物，所以才会啃得津津有味。

2、3岁时，随着语言的发展和成人的指导，他们会用"我"这个词来将自己和客体分开的时候，标志着他们自我意识的形成。

他们可能以前是这样说的："抱抱扬扬。"会对爸爸说："扬扬要吃苹果。"现在就会说"抱抱我"，"我要吃苹果。"会说"我"字，可是一个了不起的进步呢。

但是很多家长的烦恼就来了，以前乖巧听话孩子，过了 2 岁以后就变得越来越不听话了。而且有了自己的主见，学会了对爸爸妈妈说“不”。妈妈叫她去吃饭，她回答“不吃”。妈妈叫她去洗澡睡觉，她也回答“我不”。他们经常把“不”挂在嘴边，她似乎总是要和妈妈反着来。

有一天，3 岁的明明看见妈妈在扫地，他迅速地跑过去，从妈妈手里拿过扫把，认真的扫起地来。不一会儿，你看他，把垃圾弄得满地都是，而且开始用扫把和簸箕做起了游戏，妈妈看了直摇头。

故事中的明明喜欢帮助妈妈，但总是给妈妈帮倒忙。这是因为在大人看来扫地是家务劳动，而在幼儿的眼里，扫地却是非常有趣的游戏，他可以把扫把当马骑，把簸箕当锄头。

2、3 岁的幼儿会表现出不同于其他年龄阶段的发展特点。随着幼儿语言能力和动作能力的发展，幼儿表现出强烈的独立愿望，变得不太听话，“不”字经常挂在嘴边，对成人有强烈的“反抗”心理。心理学家把这个阶段儿童成长中出现的亲子冲突形象地比喻为“儿童的第一反抗期”。

反抗有助于他们证实自己独立的一面，这也是寻求成人对他们的尊重的一条途径。孩子们是在用这种“特别”的方式来引起成人的关注，证明自己的存在。那么面对反抗期的孩子，我们的教师和家长应该怎么办呢？

家长和教师是对幼儿有重要影响的人，他们必须了解第一反抗期幼儿的特点，而且有针对性地施教。

我们要理解、尊重孩子，不要因孩子“好心办坏事”而对孩子大发脾气，更不要对孩子的行为蛮横指责、强行干涉。

当我们在面对孩子的无理要求，无理取闹的时候，要注意克制自己的焦躁，理解接纳并安抚孩子的情绪，可以用诸如时间提示法，注意力转移法等来引导孩子。

当孩子处于第一反抗期时，尤其需要父母的耐心引导，要及时表扬和善意地批评孩子，使孩子的身心得到正常发展。面对第一反抗期孩子“不”的反抗，父母不能一味地加以制止，而是要去了解孩子反抗的原因，才能“对症下药”。面对“反抗”的孩子，家长要“三思而后行”。

什么东西这么神秘，我想看看
——儿童的好奇心

6 岁的果果学了一年的电子琴，觉得好辛苦，不想再练琴了。聪明的妈妈为了调动孩子的积极性，想了一个招，于是她就买了一台高级电子琴放在自己的卧室内，不让孩子碰。这下，孩子急了：“妈妈，电子琴不是买给我的吗？为什么不让我弹？”妈妈就故意激她说：“反正你也学不会，碰它干吗？”这时，孩子大叫起来：“谁说的！我一定会学会的！”此后，每当妈妈外出时，果果就会悄悄地去偷着弹，没多久，技法就越来越熟练。

这就是我们平时所说的“禁果”效应。“禁果”一词源于《圣经》，它讲的是夏娃被神秘智慧树上的禁果所吸引，去偷吃被贬到人间，这种被禁果所吸引的逆反心理现象，称之为“禁果效应”。由于幼儿处在特殊的发育期，好奇心强，逆反心理重，因此常出现禁果效应。

在现实生活中，你常常会看到这样的现象。妈妈告诉一岁多的孩子："不要扔奶瓶啊。"孩子听了之后立刻就"啪"地将奶瓶扔了。"不要将玩具放嘴里啊!"孩子听完之后立马将积木塞进嘴里。最后，妈妈让孩子的"不要"都变成了提醒他"要"。这是因为父母对孩子的威胁，常常诱发他们的挑战性，孩子最终就用反抗父母意志的行动来证明自己并非胆小鬼。

这都是人类天生具有的"好奇心"所致。正是这样的警告，恰恰激起了人的"好奇心"、"逆反心理"，从而走向事情的反面，这也就是"禁果效应"：越是得不到的东西，就越想得到；越是不让做的事情，就越想尝试一下。想一想，如果上帝没有告诉夏娃树上的果子是不能摘下来吃的，那也就没有夏娃"欲望"膨胀，偷尝禁果的故事了。

事实是，如果得不到一个信服的理由，孩子就会被激发强烈的探究欲望。现实生活中的限时(限量)抢购、未满 18 岁莫入、会员专享来吊胃口、卖关子、设悬念，就是利用了对方的期待心理，增强了召唤感。在与孩子交往时，恰当应用是会起到意想不到的效果。利用孩子的挑战、探险或逆反心态，引导孩子们向自己希望的方向发展。

曾经有位心理学家还通过实验来证明禁果效应。实验对象是一群小孩子，心理学家在茶盘内放 5 只向下扣着的不透明的茶杯，孩子们对它们完全没有一点兴趣。实验者在其中一个杯子下面放了一块糖果，然后重新扣上，临走时对孩子们说："杯子下面放了东西，你们千万别动!"然后，就佯装出去了，在外边偷偷地观察。结果发现：如果越向孩子们强调得厉害，他们愈要打开看，有些孩子还要认真观察一番，然后再放好。

宋朝的著名文学家苏洵有两个儿子，也就是苏轼和苏辙。在小时候，他们很顽皮，任何说服教育都无济于事。但是，苏洵并没有采用棍棒的办法强制教育孩子，而是巧妙地运用了"禁果效应"。每当孩子玩耍的时候，苏洵就躲在旮旯内读书，看到孩子一来，他就把书藏起来。两个孩子发现了这个问题之后，就以为父亲瞒着他们看什么好书，于是趁父亲外出时，把书偷出来，慢慢地，他们就将读书当成了一种乐趣，从而步入了成才的正轨。

在现实生活中，我们也可以像苏洵那样巧妙地利用禁果效应，就能达到很好的教育效果，孩子也能按照父母的期望去学习。事实上，在孩子的学习和生活中，很多地方都可以运用到禁果效应。

"老师，为什么她是女孩，我是男孩"

——儿童的性别意识

有一次我带学生去幼儿园，看到一个小朋友特别可爱，于是就准备送给他一个玩具，没想到小家伙却是这样说的："我不要，这是女孩子玩的玩具"。

我当场就乐了。这个小孩子已经知道什么是女孩子和男孩子了吗？于是我又追问了一句，没想到不到 4 岁他居然也完美地回答了我的问题。

"你是男孩子还是女孩子呀?"

"男孩子。"

"那你长大了是男孩子还是女孩子呀?"

"男孩子。"

"那么，如果有一天我给你穿花衣服、留长头发，那你是男孩子还是女孩子呀?"

“我会把它扔掉，我不要穿女孩子的衣服。”

这是一个关于儿童性别概念的问题，性别概念包涵3个部分的内容，简单说就是：第一能区分男和女；第二要知道性别不会随着时间的改变发生改变。现在是男孩，长大后还是男孩，现在是女孩，长大后仍然是女孩，也就是性别稳定性问题；第三就是性别的恒常性问题。幼儿要知道，如果一个人的外表发生改变，比如一个女孩穿了男孩的衣服，剪成了短发，但她依然是女孩，而不会变成男孩，也就是他的生理特征不会改变。

儿童自我性别认识的问题，也是儿童成长过程中一个非常重要的问题，因为如果孩子不能够在成长的过程中产生性别认同，就有可能造成以后在性别认同上的障碍。

心理学家通过大量地观察与研究提出了儿童在2岁多的时候就开始出现对自身性别的认识，3岁左右就能够识别自己的性别。关于性别稳定性的认识，一般要到3、4岁获得。关于性别恒常性的认识要到6、7岁以后。

心理学家在研究儿童性别角色认识的时候，一般是通过观察儿童身上出现的一些典型的、带有明显的性别特色的行为活动（如打架、玩洋娃娃、骑马、烧饭等），来确走儿童性别角色的发展；还有就是让儿童说出这些带有明显的性别特色的活动中哪些是适合男孩干的、哪些是合女孩干的，来辨别儿童对男性行为与女性行为特点的认识。

心理学家库恩等人在研究儿童性别发展的时候，曾经为考察儿童角色出现的年龄做过一项非常有趣的实验。被试对象是一些年幼的儿童，实验者给儿童两个洋娃娃：一个是男洋娃娃；另一个是女洋娃娃，实验者首先向儿童宣读一些对“自己”的描述陈述。

比如说：“有个娃娃对你说“我很强壮，我长大后要开飞机，请问是其中的哪个娃娃对你说的呀？”

再比如说：“我很漂亮，我长大后要当护士，请问这又是其中的哪个娃娃对你说的呀？”

库恩他们发现，2岁的儿童就能够挑出正确的娃娃。这说明小家伙在2岁的时候就已经有性别意识了。

利伟等研究者调查了3～7岁的儿童关于性别职业的问题。比如指着男性娃娃问儿童：“这个娃娃对你说，我长大了要开飞机，我还会修理机器，你认为可不可以？假如他对你说：“我长大了要当护士，或者做秘书，你又认为这可不可以？”

“你能用一种表情来表现一下他的心情吗？”

结果显示幼儿对这些职业的判断有很强的性别特点。他们认为，男人比女人更能胜任男性职业，而女人比男人更能胜任女性职业。女孩认为她们会开心的从事女性职业，对男性职业感到厌恶和愤怒，而男孩则相反。同时，男孩表现的厌恶和愤怒情绪比女孩更强烈，制约比女孩更明显，正如人们似乎能接受一个女孩有男孩的性格，而很难接受一个男孩子拥有女性特质一样。

那么孩子的性别形成跟什么有关呢？心理学家又做了一个实验，那就是家长对孩子的态度和行为，心理学家给一个一岁多的婴儿穿上一身中性的衣服并遮掩这个婴儿的性别。然后告诉他们找的成人被试对象（不认识孩子的父母）中的一组，这个孩子是女孩；则对被试对象的另一组则说，这个孩子是男孩，然后要求这两组被试对象分别陪这个婴儿玩。

结果心理学家发现：第一组被试对象大多会拿布娃娃给“女孩”玩；第二组被试对象则会选择拿小玩具枪和小足球给“男孩”玩。

在实验的第二个阶段中，孩子的一个玩具突然发出奇怪的声音，孩子吓了一跳，大声哭起来。观察两组被试对象的行为反应,结果发现:第一组被试对象连忙去安慰“女孩”,告诉她不要害怕;第二组被试对象却不太在意“男孩”的哭泣。从实验者对被试对象的访谈中了解,第二组被试对象认为男孩子被玩具吓哭,是很没出息的一件事。

想想平时在生活中,家长们会根据孩子的性别,给孩子相应的玩具,穿相应的衣服。比如对待男孩,成人会鼓励男孩玩刀枪棍棒、汽车飞机等,鼓励他们竞技。对待女孩则会赞同她们跳舞、打扮,玩娃娃过家家等,不鼓励爬高等。孩子的性别角色的建立,跟家长的态度是分不开的。

所以,我们要接受、喜欢并尊重孩子的性别,并为孩子创造一个正常的性别教育环境,那种把女孩当男孩养,男孩当女孩养的方式会严重干扰孩子们对自我性别的认同。

为孩子树立良好的性别角色榜样,在日常生活中,妈妈是女性角色的榜样,爸爸则是男性角色的标准。妈妈洗衣做饭,体现女性的温柔和理解;做家务时,爸爸可以和儿子搬运东西,让儿子感受男子汉的力量。

鼓励发展积极的性别角色。除了社会赋予女孩的温柔、细致,男孩的强壮、勇敢等传统性别标签外,让孩子形成平衡化的性别角色似乎应时代的发展。我们可以教育孩子除了保持男女性别特质以外,还可以两性兼容,即男女互相之间吸收对方的优点,完善自我的人格,教育男孩要温柔体贴,彬彬有礼,不失风度;教育女孩也要坚强独立,乐观宽容。例如让孩子看到爸爸在洗衣服、做饭、照顾孩子,而妈妈在修剪草坪、修理工具等。让孩子打破对性别角色的刻板印象,对性别角色有一个更加平衡的认识。

你是我的好伙伴

——儿童的同伴关系

第二次世界大战期间,有 6 个婴儿因为战争而失去了自己的父母,3 岁时他们一起住进了孤儿院。在孤儿院里,他们像兄弟姐妹一样生活在一起,喜怒哀乐一起面对,相互依恋、相互帮助,一起成长。多年以后,有心理学家对已经成年的他们进行了调查研究,看看他们有没有因为幼年丧失父母而产生心理问题。研究结果发现:他们长大后没有一个有心理缺陷的,都成了正常的、很有成就的人,并且对自己的童年和伙伴们怀有深刻的感情。

这个事例充分说明了同伴在孩子成长中的重要性,同伴关系在某种意义上弥补了他们丧失父母的痛苦,同伴间的相互帮助和促进让他们得以正常成长。

除了父母和老师,儿童接触最多的就是自己的同伴,所以同伴关系在其成长中的重要性不言而喻。心理学家们为了探讨同伴关系对孩子心理发展的影响,曾开展了一系列的实验研究。

著名心理学家福特,为研究在有同伴和没同伴的情况下,儿童在活动中的差异,做了一项这样的实验:

研究人员找来 4 个孩子,分成两组来看幽默的动画片,其中一组的两个孩子本来就是朋友,而另一组的两个孩子彼此陌生,观察他们在相同的环境里,在整个看动画片过程中的不同表现。实验结果显示:是朋友的两个孩子比不是朋友的两个孩子获得了更大的快乐。在看片的过程中,前者大笑和微笑得更多,并且有更多的交谈和相互注视,也显示了更多的社会反应，如分享彼此的情感等，而后者就差得多。

还有更多的实验，都证明了同伴关系对孩子的成长和发展有着多方面的影响。尤其是面对现代的家庭结构，儿童同伴关系的研究更是有着非常大的意义。

随着独生子女越来越多，男孩们远离了兄弟姐妹的血缘亲情，远离了手足情深的感受、互相学习的机会和彼此帮助的可能。缺乏伙伴的成长环境，再加上父母在家庭教育中忽视对儿童健康成长至关重要的同伴关系，导致他们身上存在较多的问题：缺乏合作精神，自私、骄傲、性格孤僻；在与同伴的交往当中，容易忽略别人的感受、说话很伤人；相当多的幼儿以自我为中心，冷漠，没有同情心，且具有不同程度的攻击性；甚至出现一些被集体和同伴排斥在外的“孤星”，心态消极，行动怪僻，成为问题儿童。

人总是生活在一定的群体之中，这就是人的社会化。儿童在群体中通过与他人打交道，学会人际交往的规则，学会如何看自己和别人，怎样对待自己和别人，掌握在社会上生存的本领和手段。这其中，同伴的影响力将影响着个人的选择。

对于儿童来说，亲子关系和师生关系都是一种权威性的关系，具有不可选择的强制性，而同伴关系则是一种平等的关系。同伴关系的建立可以使儿童自己选择、自己探索、自己行动、主动发展，为以后真正独立，走向社会打下坚实的基础。可以说，好的伙伴胜过好的老师。

社会测量研究也表明：良好的同伴关系能使孩子具有安全感、归属感和自尊感，有利于情绪的社会化。他们也易于表现出友好、谦虚的品质和较少的焦虑，能顺利适应环境。而同伴关系不良会导致对学校适应困难，甚至会对将来的社会适应能力造成消极影响。

欧洲著名心理分析家 A·阿德勒认为：如一个孩子没有朋友，他必定会走向孤僻之途，并产生牢固的自卑情绪，严重影响他一生的发展。青少年研究学会国际委员会（美国）委员、儿童同伴关系研究专家张文新教授也指出：没有朋友的孩子比考试不及格还要严重，不会交往的孩子比他的学业失败还要严重。所以，父母不能忽视这个问题。

4、5 岁的幼儿是获得有效交往技巧的关键期，良好的同伴交往有利于促进幼儿身心健康发展，有利于促进幼儿的社会性交往的发展，是幼儿社会化的重要途径。

所以，在现实生活中，我们首先要认识到孩子在成长过程中建立同伴关系的重要性。

同伴关系影响着儿童价值观、态度、能力和认识的社会化。在和同伴的交往和互动中，他们可以直接地学习情感、态度和价值观，并获得从成人那里得不到的信息，可以学会各种交朋友的方式，并逐渐学会了沟通、自卫和合作的技巧，获得社交经验和能力，提高宽容能力，培养社会洞察力等。这样可以使他们在未来有能力应付各种可能面临的挑战和任务。

我们要教会儿童怎样去认识积极的社交行为。同一个群体里，为什么有的孩子受欢迎而有的孩子不受欢迎呢？就因为有些孩子没有学会社交的基本知识和技巧。

有个小朋友叫波波，他活泼聪明，反应灵敏，可一些时候控制不住自己的行为：喝水时候推别人一下，排队时候挤别人一下，别人做游戏他有时就横冲直撞去捣乱，经常有小朋友来告他的状。有一次进行语言活动说说我的好朋友，他站起来很得意地说：“心元是我的好朋友，帅帅是我的好朋友，翔翔也是我的好朋友……都是我的好朋友！”没想到翔翔立即站起来反对：“不是，我不做他的好朋友。”理由是波波经常在喝水的时候朝翔翔和其他小朋友身上吐水。接着又有几个孩子也声明自己不做波波的好朋友，让他很尴尬。

通过这个镜头可以看出：当前在幼儿同伴交往中存在的一个突出问题是以自我为中心。

现在的幼儿是在家中享有特殊地位的独生子女，在与同伴交往当中更加以自我为中心。为人处事总以自己的兴趣和需要为出发点，很少关心他人。在自己的兴趣和需要受到影响时，他们往往情绪变化过快或过激，出现一些不友好的甚至有攻击性的行为。

所以，父母应该教孩子辨识积极的社交行为（能分享、会合作、肯赞扬别人、遵守游戏规则、知道道歉、公平地玩耍、愿意帮助别人等）和消极的社交行为（有攻击行为、霸道粗暴、争吵、说脏话、抢东西、插嘴、嘲笑别人、骚扰他人、不懂倾听等），幼儿老师可以组织各种形式的游戏，游戏是幼儿园的基本活动，游戏活动也是幼儿获得交往技能技巧的重要途径，能在很大程度上满足幼儿的需要。在游戏中练习交往，用游戏的手段对幼儿进行教育既是最自然的，也是最受幼儿欢迎的。

指导孩子正确地与同伴交往，不仅要为其交往创造条件，还要尊重和接纳孩子的朋友，甚至接纳孩子朋友的父母，要为孩子的成长提供一个好的行为榜样。

让我们一起玩，可好

——儿童的游戏

在幼儿园的游戏活动时间，小朋友们三三两两，玩着自己喜欢的玩具，做着自己喜欢的游戏，这时候的小家伙们是非常认真，也是非常快乐的。

大家还记得小时候我们玩过的过家家游戏吗？在游戏中有人扮演爸爸，有人扮演妈妈，妈妈给孩子们“做饭”，爸爸陪孩子们玩耍。在游戏中，孩子们玩得有模有样，其乐融融。

以上小故事，都与幼儿期的游戏有关，游戏是儿童自由、自发、自我管理的活动，也是儿童学习、获得快乐的途径和方法。

游戏是件正经事。早期发展心理学家就认为，在我们上学之前，游戏是成长过程中最重要的资源。通过游戏，我们能学会很多基本的社交技能，并不断练习，发展出自我的概念、学会如何和其他孩子相处、怎么交朋友、怎么说谎、怎么扮演自己的角色。

关于童年时期游戏的演进，早期的经典实验当属20世纪20年代末，明尼苏达儿童发展研究所的帕特进行的实验。她在对儿童行为研究的过程中，对儿童游戏活动进行了研究。其中有一个实验，说明了不同年龄阶段的儿童进行的游戏是不一样的。

她仔细观察了2～5岁的孩子，把他们的游戏分成了6种类型。

（1）无所事事：孩子基本上很少动，看似毫无目的地随便动来动去。这种游戏方式相对少见。

（2）单独游戏：孩子自顾自地玩，有时还会喃喃自语，好像根本注意不到其他孩子，这种情况在2、3岁的孩子中最为常见。

（3）看别人玩：孩子对其他人的游戏很感兴趣，但是并不和他们一起玩。他们可能会提问或者和其他孩子说话，但是主要的活动就是看。

（4）平行游戏：这种游戏反映了低龄幼儿在游戏发展中的一个阶段特点，他们可能同在玩同样的玩具，但是她们之间没有任何交流和互动，互不干扰，各玩各的。

（5）联合游戏：比起玩具，孩子对彼此更加感兴趣，他们的游戏可能毫无章法，但是他们会彼此互动，交谈欢笑，这是儿童游戏中第一类需要大量社会性互动的游戏。

(6)合作游戏:孩子的游戏里出现了一定的组织,比方说游戏有了一些目标,孩子经常要担任一些角色并且在小组里行动。比如在过家家的游戏中,孩子们有角色分工,有了共同的目标,建造一个温暖的家庭,孩子们玩得好的,值得表扬。

帕特是利用对儿童行为系统取样的方法来收集资料的。她根据事先的安排,有系统地观察每个儿童的活动,每段观察为期1分钟。实验场景是将一群年龄相近的孩子放到一起,可能是在儿童园、托儿所里,同时有很多玩具供他们选择,旁边没有成人。通过单面玻璃对孩子进行系统观察,并将某项活动的次数等记录填写在预先设计好的记录表上。所谓系统,是指第一分钟观察1号孩子;第二分钟观察2号孩子;第三分钟观察3号孩子。值得注意的是,前四种游戏并不需要很多和他人的互动,但是后两种却需要。当孩子玩不同的游戏的时候,帕特注意到孩子越大,他们会越来越少玩前四种游戏,而更多进行后面两种——也就是互动更多的那两种。与皮亚杰将主要从认知发展的角度看待儿童游戏不同,帕特强调了游戏在学习与人相处中的重要作用。

游戏是以幼儿为主导的自由活动。幼儿园一日活动中的大部分时间可能被游戏所占据,教师需为幼儿的游戏做两方面的准备,比如充足的游戏空间,在许多体育游戏中,幼儿会追、跑、跳,这就需要较为宽敞的活动空间。在游戏材料方面,为幼儿提供多样的、开放性的游戏材料,供幼儿自主选择、自由发挥。

幼儿教师要通过观察幼儿的游戏来了解幼儿的游戏能力、游戏水平和需要,为有需要的幼儿提供帮助,如指导游戏继续进行,增加必要的游戏材料等。

鼓励幼儿一起做游戏。游戏是幼儿探索外部世界、学习与人交往的重要方式。幼儿之间的游戏涉及与人分享、合作、帮助、协商、解决问题等多方面的社会性交往的内容。教师可多设计一些合作性游戏,或是在游戏中多关注幼儿的同伴交往,使游戏在幼儿的社会性发展中发挥优势。

同时要营造一个轻松、和谐的游戏环境。教师自身对游戏的重视和热情能感染幼儿,让幼儿享受到游戏的趣味性。另外,帮助维持好幼儿游戏的秩序,引导幼儿解决同伴之间在游戏过程中产生的矛盾和冲突也是非常有必要的。

第二部分　自编实验

实验一 观察法运用

一、观察目的

通过观察归纳总结儿童基本的心理特点。

二、观察方法

在幼儿园选定一个或几个儿童作为研究对象，全面的观察、记录儿童的行为，然后对所收集的资料进行分类、分析。制定儿童个性鉴定表格。

附：儿童个性鉴定表格。（表1－1）

表1－1 儿童个性鉴定表

儿童姓名	性别	出生年月	所在幼儿园及班级	观察起止时间

三、一般情况

（1）健康情况：包括产前及出生情况，即孕期是否正常、出生是否顺利、出生体重、是否患过大病、治疗情况、目前健康情况等。

（2）本人受教育史：从小由谁抚养、何时入园等。

（3）家庭基本情况：家庭成员的年龄、职业、文化程度等。

四、儿童个性特征

儿童个性特征主要是指儿童语言、动作、思维、想象气质、社会、性格等情况。此项应根据对儿童进行大量观察、调查、实验等所得材料、经认真分析后做出。

五、个性形成原因分析

此项是个性鉴定中及其重要的部分，只有客观地找出形成儿童目前发展状况的原因，才能有针对性地进行教育，促进发展。

六、教育建议

针对儿童的个性特征以及形成原因，提出今后应注意的问题，应采取的措施。

七、结果与分析（表 1－2）

表 1－2　现场详录观察记录表

观察时间	观察对象	年龄	观察地点	行为描述	观察内容	解释与评价
					思维	
					社会	
					情绪	
					语言	
					模仿	
					运动	
					学习	
					好奇心	

实验二　父母教养方式对儿童社会性发展的影响问卷调查

一、研究目的

立足于父母教养方式内部各有效影响因素，包括年龄、学历、是否离异、与谁居住等对儿童社会性发展的微观调查，在父母教养方式的前提下探讨各有效影响因素对儿童社会性发展的影响。

二、研究对象

选取两所规模较大的幼儿园，在两所幼儿园随机选取小班(3、4 岁)、中班(4、5 岁)、大班(5、6 岁)儿童各 100 名，共计 300 名儿童及家长作为调查研究对象。在调查过程中，各年龄阶段至少有 4 个以上班级。

三、调查实施

针对儿童社会性发展状况，使用北京师范大学发展心理研究所陈会昌教授编制的《4～7 岁儿童社会性发展量表》对各班次学前儿童实施调查。关于父母教养方式问卷则使用西南大学龚艺华编制的《父母教养方式父母调查问卷》对父母实施调查。

四、调查结果分析(表 2－1)

表 2－1　儿童社会性发展与父母教养方式情况分析表

分析项目	影响因素	结果	分析
儿童社会性发展情况分析	不同年龄段		
	是否独生		
	父母是否离异		
	父母文化程度		
	父母年龄		
	和谁生活在一起		
父母教养方式情况分析	不同年龄段		
	是否独生		
	父母是否离异		
	父母文化程度		
	父母年龄		
	和谁生活在一起		
两者的关联情况			

实验三 儿童认知发展实验(守恒试验)

一、目的要求

皮亚杰认为3～6岁的儿童心理发展处于前运算阶段,思维缺乏可逆性,不可能达到守恒。因此本实验的目的是了解大、中、小班不同年龄儿童思维发展的特点,以验证皮亚杰理论。

二、对象和材料

对象:大、中、小三班儿童各20名,男女各半。

材料:一元硬币若干,铅笔两支,橡皮泥若干,同样大的玻璃杯两个,比这两个玻璃杯细而高和粗而矮的玻璃容器各一个,有色液体若干,立方体积木十六块。

三、方法与步骤

选择一间宽敞明亮的教室,采用个别施测的方式,向儿童解释实验目的,以取得儿童配合。实验项目的顺序随机。

1. 数量守恒

把若干一元硬币排成不同形状(圆形、正方形、长方形、十字形),让小朋友判断硬币的数量是不是一样多,并说明理由。或将一把硬币抛到桌上,让小朋友判断硬币数量有没有变化,并说明理由。

2. 长度守恒试验

两支等长的笔,先平行并齐放着,让儿童确认是等长的,然后将上下铅笔各竖起一次;或将上下两支铅笔向不同方向各错开一次,让儿童比较他们是否一样长,并要求说明理由。

3. 大小守恒

将同一块橡皮泥捏成不同形状,让小朋友判断是否一样大;或者将一排橡皮泥拍扁,让小朋友判断大小是否一样,并说明理由。

4. 液体守恒试验

将有色液体分别注入两个同样大小的杯(或瓶)内,当儿童认为一样多后,再将其中一杯液体小心倒入另一个高而细的容器内,然后让儿童比较他们是否一样多,并说明理由。最后将液体倒回原杯内,用短而粗的容器同样重复一遍。

5. 体积守恒试验

将十六块小方积木分成两堆,每堆八块,叠成两层,上下各四块,让儿童看清楚这两座“房子”是一样大的。然后将一堆叠成底两块,高四块,要儿童对改变后的两堆积木进行比较,问儿童:“这两座房子还是不是一样大?为什么?”

四、结果分析

(1)由以上试验能否看出有因果思维的若干特点。

(2)由以上试验能否看出学前儿童对可逆关系理解的特点？与皮亚杰的实验结果比较有什么异同。

附记录表：(表 3－1)

表 3－1

姓名	性别	班级	数量守恒（理由）	长度守恒（理由）	大小守恒（理由）	液体守恒（理由）	体积守恒（理由）

实验四 儿童认知发展实验(茶壶试验)

一、目的要求

皮亚杰认为3～6岁的儿童思维的特征是自我中心思维,即这个年龄阶段的孩子是无法站在别人的立场上观察世界、分析问题,只能站在自己的立场上去看问题。本实验的目的是通过与皮亚杰三山实验性质相同的茶壶实验,来验证皮亚杰理论。

二、对象和材料

对象:大班、中班、小班儿童各20名,男女各半。

材料:一把茶壶,从茶壶的四个侧面拍摄的图片。

三、方法与步骤

第一步:给儿童观看茶壶,让儿童说出茶壶的特征;

第二步:转动茶壶,给儿童观看茶壶的四个不同的侧面;

第三步:再接着出示四张茶壶四个不同面的图片;

第四步:转动茶壶,让儿童找出与当前看到的茶壶景象相对应的茶壶图片;

第五步:请ABCD四名儿童分别站在茶壶的四个侧面,先让儿童A分别指出与儿童B、C、D看到的茶壶景象相对应的茶壶图片,再依次让儿童B、C、D完成与儿童A一样的任务。

四、结果分析

(1)由以上试验能否看出儿童具有自我中心思维,为什么?

(2)本实验和皮亚杰的实验结果比较有什么异同?

实验五　儿童记忆的发展

一、实验目的

(1)比较小班、中班、大班儿童无意识记和有意识记的差别。

(2)感知与体验研究儿童记忆的实验方法与过程。

二、实验对象与材料

(1)材料:小猫、小羊、小鸡、小猴、小猪、牛奶、面包、巧克力、雪糕、果冻、鱼、虾、西红柿、黄瓜、茄子图画各1张,共15张。

(2)对象:选取各个年龄段儿童男女各10名作为实验参与者。

三、实验程序与要求

(1)实验前的准备工作:准备好实验用的基本材料、场景,采用随机抽样的方法在各个年龄班抽取男女儿童各10名。

(2)两种识记任务的实验在不同的实验环境下同时进行。

① 无意识记组:给儿童出示15张图片,请儿童给图片分类。分类任务完成后请儿童玩玩具3分钟,然后请儿童回忆刚才看到了什么,记录正确回忆的数量。

② 有意识记组:给儿童出示15张图片,要求他(她)看完以后要到另外一位老师那里去汇报,说说他看到了什么。图片全部看完后让儿童越过一间房间到另一位老师那里,说出他看到了什么,记录正确回忆的数量。

四、实验指导语与记录表

1. 指导语

(1)无意识记组:小朋友,今天老师和你玩一个"放在哪里?"的游戏。看这里有很多图片,老师把这个小猫放在方盒里,面包放在圆盒里,小鱼放在三角盒里。现在请你把剩下的图片分到这三个盒子里。

(2)有意识记组:小朋友,你看,老师这里有些图片,我给你看的时候请说出它的名字,而且要记住它,全部看完了请你到隔壁房间XXX老师那里,给她说说你都看到了什么,你记住得越多,XXX老师会越高兴。明白了吗?好,请看。

2. 记录表(表 5－1)

表 5－1 实验记录表

实验组别：		所在儿童园：				
姓名：		性别：		班级：		
小猫		牛奶		鱼		合计
小羊		面包		虾		
小鸡		巧克力		西红柿		
小猴		雪糕		黄瓜		
小猪		果冻		茄子		

备注：当儿童说出图片名称时，就在相应的栏内打√，然后数出记忆数量填写在合计栏内。

五、实验结果统计

描述统计：计算小中大各年龄段的平均数与标准差。

推断统计：计算各个年龄段以及总体的性别、年龄差异和任务间的差异。

六、讨论与分析

(1)三个年龄段儿童无意识记、有意识记的差异各是怎样的，怎样解释？

(2)同一年龄段儿童无意识记和有意识记的差别是怎样的，为什么？

(3)各个年龄段儿童无意识记、有意识记有无性别差异？为什么？

实验六　儿童记忆的广度

一、目的要求

通过实验了解不同年龄儿童的记忆广度的情况。

二、对象和材料

对象：3～6 岁的儿童，以间隔一岁为一年龄组。

材料：数字卡片，包括两位数、三位数、四位数、五位数、六位数、七位数、八位数、九位数的数字卡片若干张，卡片上的数字随机选取。

图片：六类十二张卡片，卡片上分别画有大象、猴子、橘子、香蕉、床、凳子、公鸡、母鸡、铅笔、书包、汽车、飞机。

三、方法步骤

1. 数字跟读（数字记忆广度实验）

主试按每秒一位数的速度跟读表中的数字，随后让儿童立即复述。记录儿童正确复述的最多位数。

例如：六四七五、八二一九、四六三九等。先对孩子说："你先听我说一个数字，我说完了，你照我说的说给我听。"以后每个数字要读成如六—四—七—五，其他数字读法相同，中间相隔一秒。

2. 图片回忆（图片记忆广度实验）

随机逐一呈现画有十二种物品的图片，让儿童看一分钟，再将图片盖住。主试说："请你告诉我图片上画了些什么？"纪录儿童回忆图片的数量和名称。

3. 全部回忆完后，主试问："你是用什么方法记住的？"

结合观察记录儿童的记忆策略：观察识记时有无语言活动（包括不出声的唇动）；再现物品名称时有无顺序，是按排列顺序，还是按类别（文具、玩具、食品）。

4. 一位儿童做完后换另一位儿童继续实验。

四、结果

以同一位数的数字三次跟读正确的最多位数为儿童的数字记忆广度。将儿童的数字跟读的结果记录在下表：（表 6－1）

表 6－1　儿童数字记忆表

年龄	姓名	性别	数字	记忆策略
3				
4				
5				
6				

实验七 道德判断实验一(皮亚杰对偶故事)

一、目的要求

了解儿童的道德认知发展水平。

二、对象和材料

4～12 岁儿童若干名,一些对偶故事的材料。

三、方法与步骤

主试者分别对不同年龄的儿童进行个别试验,然后问小朋友。

对偶故事一:

(1)有一个小男孩叫小军,他的父亲出去了,小军觉得玩他爸爸的墨水瓶很有意思。开始时他拿着钢笔玩。后来,他在桌布上弄上了一小块墨水渍。

(2)一次,一个叫小兵的小男孩发现他父亲的墨水瓶空了。在他父亲外出的那一天,他想把墨水瓶灌满以帮助他父亲。这样,在他父亲回家的时候,他将发现墨水瓶灌满了。但在打开墨水瓶时,他在桌布上弄上了一大块墨水渍。

对偶故事二:

(1)有一个小女孩叫丽丽,她想使母亲高兴,于是便替母亲裁布。但是,因为她还不会很好地使用剪子,结果将她自己的衣服剪了一个大洞。

(2)一个叫瑞瑞的小女孩在她母亲外出时拿剪子玩,因为她不会很好地使用剪子,结果将自己的衣服剪了一个小洞。

对偶故事三:

(1)一个叫约翰的小男孩在他的房间里,家里人叫他去吃饭,他走进了餐厅。但在门背后有一把椅子,椅子上有一个放着 15 个杯子的托盘。约翰并不知道门背后有这些东西。他推门进去,门撞倒了托盘,结果 15 个杯子都撞碎了。

(2)从前有一个叫亨利的小男孩。一天,他母亲外出了,他想从碗橱里拿出一些果酱。他爬到一把椅子上,并伸手去拿。由于放果酱的地方太高,他的手臂够不着。在试图取果酱时,他碰倒了一个杯子,结果杯子倒下来打碎了。

对偶故事四:

(1)妈妈正在放刚买回来的鸡蛋,明明也来帮忙,可一不小心碰倒了装鸡蛋的篮子,打破了 10 个鸡蛋。

(2)豆豆想玩桌上的变形金刚,伸手去拿,不小心碰掉了妈妈放在桌上的鸡蛋,打破了 2 个鸡蛋。

对偶故事五：

(1)爸爸出门以后，月月拿着爸爸的墨水瓶子玩，不小心撒了些墨水，把桌布弄脏了一点。

(2)小小看见爸爸的墨水瓶空了，心想如果把墨水瓶里倒满墨水，爸爸回来一定会高兴的，于是就去倒墨水，可是弄撒了，把桌布弄脏了一大块。

对偶故事六：

(1)一天，妈妈不在家，毛毛从框子里把巧克力偷出来，悄悄地吃掉了。

(2)洋洋有一个小朋友，这个小朋友捉来一只鸟养在笼子里，洋洋觉得小鸟真可怜，他几次对小朋友说："把小鸟放了吧！"可是那个小朋友不肯。所以，有一天，当这个小朋友不在时，他把这只小鸟放了，为了以后不再装鸟，他把笼子也给藏起来了。

对偶故事七：

(1)蓉蓉和一个同学在教室里玩，这个同学不小心把手弄破了，鲜血直流，蓉蓉非常着急，可是找不到止血的东西，他看见同桌的书包里边有一块非常漂亮的小手帕，就拿去给同学包手了。

(2)亮亮一个人在教室里学习，发现同桌有一块橡皮，他从来没有见过这么漂亮的橡皮，他非常喜欢，就把它拿走了。

对偶故事八：

(1)京京从学校里回来，对妈妈说："老师给了我一个好分数。"但这不是真的，老师的分数也没给，可妈妈却信以为真，非常高兴还奖励给他一个玩具。

(2)佳佳在从学校回家的路上遇见了一条大狗，感到非常害怕，回到家时，他告诉妈妈说他看到了一条狗和牛一样大。

对偶故事九：

(1)丽丽画画画得不好，所以总想："我真想成为一个小画家。"有一天，她看到一张画画得非常好，她说："这是我画的。"

(2)玲玲在妈妈不在家时，把剪子拿出来玩儿，后来弄丢了。妈妈回来，问："哎，剪子放哪了？"玲玲却说："我没看见剪子，也没动过。"

四、结果分析

根据儿童的回答，并对照皮亚杰的儿童道德发展理论，分析被试儿童的道德发展特点。

实验八　儿童道德判断(科尔伯格道德两难故事)

一、目的要求

了解儿童的道德认知发展水平。

二、对象和材料

4～12 岁儿童若干名,科尔伯格的海因茨偷药故事和敌人来了的故事。

三、方法与步骤

主试者分别对不同年龄的儿童进行个别试验,然后问小朋友。

(1)海因茨偷药的故事:欧洲有个妇女患了癌症,生命垂危。医生认为只有一种药能救她,即本城一个药剂师新研制的镭锭。配制这种药成本为 200 元,但售价却要 2000 元。病妇的丈夫海因茨到处借钱,但最终只凑得 1000 元。海因茨恳求药剂师说:他的妻子快要死了,能否将药便宜点卖给他,或者允许他赊账。但遭到药剂师的拒绝,并且还说:"我研制的这种药,正是为了赚钱。"海因茨没别的办法,于是破门进入药剂师的仓库把药偷走。问:这个丈夫该这么做吗? 为什么?

(2)日本鬼子进村了,乡亲们都躲进了村子的地道里。这时候,有个妈妈怀里的婴儿不合时宜地哭起来了,怎么哄都不好,如果任由这个婴儿哭,可能乡亲们会全部暴露,如果用手捂住婴儿的口,可能会导致他的窒息。问:这个妈妈该怎么办? 为什么?

表 8－1　科尔伯格的儿童道德发展阶段

阶段分类	阶段名称	基本特征
前习俗水平	1. 服从与惩罚定向	这个阶段的儿童认为:凡是权威人物认可的就是好的,遭到他们批评的就是坏的。他们道德判断的理由是根据是否受到惩罚或服从权力
	2. 天真的利己主义	这一阶段儿童首先考虑的是准则是否符合自己的需要,好坏以自己的利益为准
习俗水平	1. 好孩子的道德定向	这个阶段的儿童认为一个人的行为正确与否,主要看他是否为别人所喜爱,是否对别人有帮助或受别人称赞
	2. 维护权威和秩序的道德观	这一阶段的儿童意识到普遍的社会秩序,强调服从法律,使社会秩序得以维持

（续表）

阶段分类	阶段名称	基本特征
后习俗水平	1. 社会契约的定向阶段	这一阶段的儿童看待法律较为灵活，认识到法律、社会习俗仅是一种社会契约，是可以改变的
	2. 普遍道德原则的定向阶段	这一阶段的儿童不仅考虑适合法律的道德准则，同时也考虑未成文的有普遍意义的道德准则。道德判断已超越了某些规章制度，更多地考虑道德的本质，而非具体的准则

四、结果分析

根据儿童的回答，并对照科尔伯格的儿童道德发展理论，分析被试儿童的道德发展特点。

实验九 儿童想象的发展

一、儿童有意想象的发展特点简介

有意想象在儿童期开始萌芽，儿童晚期有了比较明显的表现。在活动中出现了有目的、有主题的想象；想象的主题逐渐稳定，为了实现主题能够克服一定的困难。

二、实验目的

(1)比较小班、中班、大班儿童有意想象的差别。

(2)感知与体验研究儿童有意想象的实验方法与过程。

三、实验对象与材料

(1)材料：每个实验对象一张画有椭圆形的画纸和一套油画棒。

(2)对象：各个年龄段随机选取一个班级儿童作为实验对象。

四、实验程序与要求

(1)实验前的准备工作：准备好实验材料和评价标准以及记录纸。

(2)确定实验对象并进行预实验。

(3)时间限定在 30 分钟，实验中不得给予提示与引导。

五、实验指导语与记录表

(1)指导语："小朋友，你看，老师这里有一张图片，但我还没有画完，只画了一个椭圆，请你帮助老师把它画完，你愿意画成什么就画什么。要画得有意思，最好是一个故事。明白了吗？好，想好了就开始画吧。"

(2)记录表(表 9 - 1)

表 9 - 1 实验记录表

所在儿童园：		性别：	出生日期：
图画内容		想象水平	评价依据

(3)评价标准

0 分：儿童不能接受利用所给的成分画出自己想象的形象这个任务，不把所给的部分画成完整的图画，而在旁边自己另外画些什么。

1分：儿童能在卡片上画出图画，但画出的某种物体的形象（如娃娃）是粗线条的，没有细节的轮廓。

2分：同样也画一个物体，但已有各种细节。

3分：儿童所画的物体已包含某种想象的情节（不只是女孩，而且是做操的女孩）。

4分：儿童根据想象的情节，画几个客体（例如一个女孩带着小狗散步，等等）。

5分：按照不同性质的新方式运用所给的图形。如果说在Ⅰ—Ⅳ型中，所给图形被儿童画作图画的主要部分（画成头等），那么在这种类型中，它仅仅作为儿童想象形象的一个次要部分（如椭圆已经不是娃娃的头，而成了小狗的眼睛而已，等等。）在这种类型中，儿童运用所给成分组合想象形象时，表现出相当大的自由。

六、实验结果统计

描述统计：计算小中大各年龄段的平均分与标准差。

推断统计：计算各个年龄段以及总体的性别、年龄差异。

七、讨论与分析

(1)三个年龄段儿童有意想象的差异是怎样的，怎样解释？

(2)同一年龄段儿童不同性别的儿童有意想象的差别是怎样的，为什么？

实验十　3～6岁儿童生命概念的发展

一、实验目的

比较小班、中班、大班儿童生命概念的发展差别，为学前儿童生命教育提供参考。

二、对象与工具

(1)对象：在各种不同类型的幼儿园小中大班随机抽取男女儿童各20名，共120名。

(2)刺激项目：12张图片：猫、鸟、鱼、蝴蝶、树、布娃娃、汽车、石头、水杯、云、椅子。

(3)在5种生命的基本属性上来向儿童提问。

① 自身繁殖：哪个有爸爸妈妈？哪个会有同样的后代？哪个会有兄弟姐妹？

② 应激性：如果用针扎一下，哪个会有感觉？如果天上下雨，哪个会知道？哪个会生病？

③ 新陈代谢：哪个要吃东西？哪个要喝水？哪个要呼吸？

④ 生长发育：哪个会长大？哪个会变老？哪个会死去？

⑤ 自身运动：哪个不动他会自己动？哪个会睡觉？哪个会用眼睛看东西？

三、实验结果统计

描述统计：计算各年龄段生命概念发展的平均数与标准差，

推断统计：采用差异检验的方法推断儿童生命概念发展的年龄差异、性别差异等。

四、讨论与分析

(1)儿童生命概念的发展变化特点是什么？为什么？

(2)生命概念的发展存在性别、年龄的差别吗？为什么？

(3)与他人研究是否一致？为什么？

五、结论

总结实验结果并写出结论。

实验十一 儿童社会性—同伴关系测量研究

一、了解儿童同伴群体的整体人际交往状况和结构特点

(1)了解儿童同伴群体中每个儿童在全体群体中的地位和同伴关系。

(2)根据其提名结果将儿童划分为不同的交往类型。

(3)从性别维度上,探讨各类型儿童在男女中所占的比例。

二、研究对象

幼儿园大班(普通班)5、6 岁儿童。

三、研究方法

1. 同伴提名法变式

(1)现场提名法;

(2)照片提名法。

2. 提名标准及数目

(1)标准:一个标准两个方法,即正向提名与负向提名。

(2)数目:正向提名,每人提出 3 个喜欢者。

负向提名:每人提出 3 个不喜欢者,共 6 名对象。

(3)主试语:你最喜欢或最不喜欢谁?你还喜欢或不喜欢谁?为什么?

3. 提名法的实施

(1)现场提名:游戏法《找朋友》

玩法:指导语“小朋友,我们今天玩找朋友的游戏,这次教师想知道你的最好的朋友是谁,你在游戏中把他找出来告诉教师,好吗?”

全体儿童站成圆圈,面向圆心站好。为方便记录,主试将全班儿童编上序号。在音乐伴奏下,6 名小朋友边唱边找,唱到“再见”为止(主试记录 6 名儿童找到的朋友名字),6 名小朋友归队,音乐重新开始,继续找朋友。游戏反复进行,每个儿童找过 3 次后结束。

(2)照片提名:谈话“为什么喜欢?”

① 情境布置:主试将全体儿童的个人照片展示出来,同时呈现在被试对象面前,带儿童逐个辨认熟悉后,再开始选择,把最喜欢或最不喜欢,还喜欢或还不喜欢的同伴照依次选出,并说出名字。

② 记录谈话:为什么喜欢或不喜欢他呢?正向提名记录喜欢的理由,负向提名记录不喜欢的理由。

4. 评分标准

正向提名评分:最喜欢(3 分)、较喜欢(2 分)、一般喜欢(1 分),按提名顺序轮。

四、研究结果与分析

1. 定量分析

各种交往类型的划分标准。

受欢迎儿:个人正提名分大于等于正提名平均分。

被排斥儿:个人负提名分大于等于负提名平均分。

一般忽略儿:个人正提名分小于正提名平均分。

严重忽略儿:个人正负提名分均为零分。

2. 定性分析

(1)各种类型儿童的总体分布比例的分析。

(2)各种类型儿童的交往特点的分析。

(3)性别维度上所表现的特点分析。